餐旅業行銷管理
理論與實務

Hospitality Marketing Management:
Theory and Practice

郭春敏、陳細鈿◎著

國家圖書館出版品預行編目（CIP）資料

餐旅業行銷管理：理論與實務 / 郭春敏,
陳細鈿著. -- 初版. -- 新北市：揚智文
化, 2013.10
　　面； 公分. -- (餐飲旅館系列)

ISBN 978-986-298-114-6（平裝）

1.餐旅管理 2.行銷管理

489.2　　　　　　　　　　102018096

餐飲旅館系列

餐旅業行銷管理 —— 理論與實務

作　　者 / 郭春敏、陳細鈿
出 版 者 / 揚智文化事業股份有限公司
發 行 人 / 葉忠賢
總 編 輯 / 閻富萍
特約執編 / 鄭美珠
地　　址 / 22204 新北市深坑區北深路三段 260 號 8 樓
電　　話 / (02)8662-6826
傳　　真 / (02)2664-7633
網　　址 / http://www.ycrc.com.tw
E-mail / service@ycrc.com.tw
I S B N / 978-986-298-114-6
初版二刷 / 2014 年 09 月
定　　價 / 新台幣 350 元

序

在寫此序時，甫接獲校長的來電，告訴我一個好消息——我通過教育部教授著作升等，內心除了喜悅外，更多的是感恩。這一路走來不管在求學或者教職工作上，皆有很多師長、長官及貴人幫忙，沒有他們的教導與關懷，我想就不可能有今日的我。同樣地，這本《餐旅業行銷管理——理論與實務》，如果沒有我的好同事與朋友幫忙，我想應該也無法完成這本書。

現今的社會不論是企業、公司、工廠、政府機關、非營利機構、甚至是自我等皆已體認到行銷非常重要。行銷主要目的為創造企業的價值與增進顧客滿意度。就個人而言，適度行銷自己可提升個人的魅力及自信心的展現。而餐旅業的行銷管理，亦須整合企業體及員工等一起行銷，企業要因應整體環境的變化而調整其行銷規劃與策略，但因餐旅業是服務業，其與人接觸頻繁，故「人」是服務業企業中的重要資產，因此，服務人員如何行銷自我，以提升自我魅力，展現自信的服務態度亦是相當重要。

本書共計十一章三十六節，先介紹餐旅行銷基本概念，然後探討餐旅行銷市場環境、餐旅行銷組合（8P）、餐旅行銷市場區隔與趨勢、餐旅行銷策略與規劃、餐旅行銷資訊系統、顧客關係管理、餐旅業公共關係與報導、餐旅國際行銷，最後再以餐旅業新興行銷議題作為本書之結尾。上述章節中，其內文部分，主要以行銷管理概念為主，且本書亦參考國內外目前較新的行銷管理理論，舉例說明這些理論應用於餐旅業管理，期待讀者能有所收穫進而應用於餐

旅產業的實務中。本書的個案部分，作者盡量以生活化且平易近人
的方式分享，希望能更貼近讀者，期待讀者能喜歡我們的用心。

　　本書特別要感謝我博士班梁應平老師提供第十章國際行銷的
相關資料，陳崇昊老師亦提供很多寶貴的餐旅行銷意見，以及陳細
鈿老師的鼎力相助，才能讓本書資源更豐富。此外，本書得以順利
付梓，首先感謝揚智文化事業葉總經理忠賢先生的熱心支持，總編
輯閻富萍小姐之辛勞付出，以及該公司的工作夥伴之協助，特此感
謝。最後再次感謝曾經協助本書出版的每一個人，以及閱讀本書的
讀者。

郭春敏　謹識

2013年7月18日

目　錄

第一章

餐旅行銷基本概念

- 餐旅服務業認識
- 餐旅行銷的意涵
- 餐旅行銷觀念的演進
- 個案分享

　　餐旅產業是世界上最大且重要產業之一，根據世界觀光旅遊委員會（World Travel & Tourism Council, WTTC）（2009）預計全球觀光旅遊業在未來十年內會以每年平均4%的比率淨增長，且其從業人員占其他行業受雇者的比率從2009年的7.6%，上升至2019年占有8.4%，亦即每11.8個工作當中就有一個是觀光旅遊業的工作。以美國為例，不論是直接或間接從事餐旅產業工作的人口就有數百萬人，不僅有益於國家與地方推動，也造就了數十億以上的經濟貢獻（Goeldner & Ritchie, 2009）。由此可見餐旅服務產業在全球各國將扮演著一個舉足輕重的角色。故餐旅業者如何有效率的行銷餐旅將是重要的議題。管理大師彼得・杜拉克（Peter Drucker）說過：「未來二十年內，有百分之八十的企業經營者是由懂行銷、做行銷的人所擔任。」因此，顧客均由懂行銷做行銷的經營者所掌握，當然，他所經營的企業一定會成功，而能有利潤（許長田，1999）。

　　餐旅業為一個多目標、綜合性的服務業，它提供旅客住宿、餐飲、社交、會議、運動、娛樂及購物等多方面的功能，以提供客人服務為主，屬於勞力密集的產業。美國行銷學會將行銷定義為：「行銷是規劃和執行理念、貨品和服務之構想、定價、推廣和分配的過程，用以創造交換，以滿足個人和組織之目標」（黃俊英，2003）。餐旅行銷（hospitality marketing）亦為行銷學的一部分，餐旅行銷市場的供需結構與一般產品或服務的供需特性有所相同但亦有所差異。因此，本章首先介紹餐旅服務業的認識，進而瞭解餐旅行銷的意涵及餐旅行銷觀念的演進，最後是個案分享。

第一節　餐旅服務業認識

　　台灣的經濟發展，已由工業經濟轉變至服務業爲主流之知識經濟時代。欲提升國家競爭力，促進經濟發展，必須發展具高附加價值的產業，爲達此目標，行政院提出2015年經濟發展願景之產業人力配套方案中，明確的揭示爲提供產業技術與專業人才，將啓動產業人力扎根計畫、重新建構技職教育體系、加值產學合作連結創新等計畫項目。教育部更積極規劃十二項重點領域，其中於發展重點服務業中，餐旅業即爲重點產業之一。由經濟部統計處（2009）之資料顯示，近年來台灣產業的變化，就各部門產值在國內生產毛額（GDP）中所占之比重而言，服務業已由1993年57%增加至2009年67.3%；而住宿及餐飲業普查結果分析從2001年62,072家至2006年88,348家共成長42.33%（行政院主計處，2006）。因此，政府將觀光發展列爲施政重點，視其爲經濟推動與策略之環節，民間更將觀光餐旅產業作爲投資標的，視其爲企業轉型再造之出路。

　　餐旅業是一年三百六十五天，一天二十四小時不停在運轉的一種行業。餐旅業的產品只能在當下使用，沒有保存性，更加獨特的是，必須由顧客親身參與啓動服務，在餐旅產業的工作方式上，每天都須重複操作多次工作程序，每次的狀況都不一樣，又稱爲不可分割性（inseparability），生產與消費同時發生以滿足不同顧客的需求（鄭建瑋，2004）。而餐旅業與其他行業的差異，餐旅業非常重視顧客的體驗感受（feeling），它具服務業的「無形性」（intangibility）。餐旅業是一種服務性產業，因此其本身之特性除了服務業特質外，還包括了經濟上的特性。

一、餐旅服務業特性

　　餐旅服務業之商業行為的特徵為銷售、生產、消費、服務同為一體；且在一特定空間與特定時段，同時完成交易行為的一種消費活動。服務性產品的服務與使用，容易隨著時間的流逝而消逝無影，無法重複使用；倘若想要再度消費使用，則會隨著當時不同人、事、氣氛的接觸而與前一次有所不同，其感受到的利益也有所差異。一般產品的特性與行銷的運用，皆適用於製造業有形的實質產品；但並不一定適用於服務業的產品，尤其是無形的服務產品。無形的服務業產品具有感官所掌握不到的聽不到、看不見、摸不著，但需要去感受、去體驗，意即所謂的服務產品的特性如下：

(一)不可分割性（inseparability）

　　產品經過製造、運送，最後販賣到消費者的整個過程中，基本上是不連續的行為而且是可以分割的，而服務的提供與消費，是同時發生而且不可分割的，消費者是直接和即時的感受到，且完全無法「包裝」。

(二)無形性（intangibility）

　　消費者購買產品時，業者無法將產品具體呈現，旅遊業亦是如此，它所販賣的是服務，更是一種讓消費者體驗的感受。餐旅業的服務，它們是無形的，顧客只有親身經歷才能知道他們所感受到的品質是如何，因為顧客不能從物質上評估和抽樣調查大部分的服務，所以他們更傾向於依賴其他人對這種服務的經驗，這通常被稱之為「口碑」訊息，而這種訊息對於餐旅產業來說是很重要的。顧

客通常都很注重旅遊與飯店業專家的建議，例如：在旅遊過程中，旅行社及飯店業者所提供的旅遊、用餐資訊，對顧客來說都是非常重要的。

(三)異質性（variability）

無法確保前後提供的服務具有相同的水準，因為可能提供服務的人員不是同一位，加上服務人員每天的情緒不一定或忙碌的程度不一，無法每天提供相同的水準，而且每位消費者的需求不同，同樣的行程內容與服務也不一定能取悅所有的消費者。同樣的旅遊景點氣候的轉變、不同的旅客亦會有不同的感受。

(四)無法儲存性（perishability）

服務的提供及使用同時發生，無法像高科技產業或製造業經過品管的程序控管品質後再銷售，各種突發狀況也難預料。服務的不可分割也意味著服務無法儲存，因此，不能以存貨來累積；換言之，服務的產銷協調問題遠大於產品，於是服務能否產生僅是需求面的問題，而且極度受限於供給面。例如旅館當日可出租的客房總數是限定的，當日若沒有出租出去的房間，是無法保留到翌日再行出租，而餐廳產品是由食物材料經加工烹飪而成的，無論是生的抑或熟的，若在期限內無法銷售出去，將會因變質而易腐壞，所以無法儲存。

由上得知，餐旅業具有服務業四大特性：無形性、不可分割性、無法儲存性、異質性。故餐旅行銷者需瞭解餐旅業行銷與一般行銷的異同，才能投其所好，以滿足甚至超越顧客的需求以達最終目的。

二、餐旅業之定義與概況

餐旅業（hospitality），源自於拉丁文hospitalitas，字根是
hostis，中文譯為好客、殷勤款待，同時具有主人與客人的意義，
也就是給予及接受歡迎款待的雙方（傅士珍，2006）。悅納異己、
殷勤款待是人類生活常見的活動，也是重要的社會禮俗。在古希臘
及希伯來文化傳統中，歡迎他人到來，待客如友，慷慨提供適當的
居所，照料其飲食等行為活動，是不成文的社會習俗（李翠玉，
2006）。《牛津大字典》解釋殷勤款待為友善和慷慨地接待及娛樂
訪客或陌生人，特別是在私人住所。延續殷勤款待的觀點，後人對
於殷勤款待的意義隨著時代背景的脈動，演變出多元的應用與意
涵。從傳統社會悅納異己的招待行為、到現代社會消費經濟的活
動，包括住宿、餐食、飲料、慶典活動等商業服務模式，乃至於擴
充到餐旅教育及學術領域，已經把「hospitality」等同於「餐旅」的
消費、服務與管理（Lashley, 2000）。因此，餐旅產業不僅只是侷限
在餐廳或旅館的範圍，事實上就整體餐旅產業的功能性與彼此密切
的關聯性而言，是餐旅研究者所必須持續瞭解的。餐旅產業一般指
的就是所謂的「款待服務產業」（hospitality service industry），而
文字「hospitality」所指的則是一個能夠遮風避雨，並且提供餐飲、
住宿及服務的場所。而本書所指的餐旅業包含三大部分：住宿業
（lodging industry）、餐飲業（food & beverage industry）及旅遊業
（travel & transportation industry）等直接關聯事業（**表1-1**），以下
將舉例說明之。

表1-1　觀光餐旅業的範圍

餐旅業分類	內容
住宿業	旅館及民宿等其他相關住宿設施，如商務、度假、出租旅館、民宿及休閒農場等。
餐飲業	旅館餐飲設施、各公共餐飲服務，如一般餐廳、速食餐廳、風味餐廳、咖啡館、主題式餐廳及複合式餐廳等。
旅遊業	旅行代理、航空運輸業，如旅行社、航空公司等。

(一)住宿業的分類

　　住宿業包括了旅館及其他相關住宿設施，以及旅客至旅館居住時所提供的服務。旅館是以提供餐飲住宿及其他相關之服務為目的，而得到合理利潤的一種公共設施，最終目的為使外來者賓至如歸。簡單來說，「旅館業是出售服務的企業」，旅館是以提供食宿及各項相關服務為目的，是觀光產業的骨幹，旅館屬於「消費者型服務業」，具有服務業四大特性。現行在台灣地區的旅館業，依營業型態主要可分為（賴文仁，2000）：

◆商務旅館（commercial hotel）

　　商務旅館大部分皆建於大都會區及金融商業中心區段。主要目標市場，在客房方面針對商務旅客；餐館方面則為當地消費者為主。

◆度假旅館（resort hotel）

　　旅館所在地建於旅遊度假目的地、民營遊樂區內外，及公營風景區／遊憩區旁私有地。主要服務設施除了客房及餐廳之外，附加休閒及運動設施，依所在地的自然、人文景觀之資源背景有所不同，而呈現不同的營業特色，諸如溫泉、健康、球類運動、避寒暑等單一或複合多機能化。

◆出租住宅旅館（residential hotel）

又稱為「商務公寓」，業者結合不動產的規劃理念，將公寓起居的生活型態與旅館經營的管理型態融為一體，提供顧客短長期住宿的營利性服務；如福華大飯店長春店、北投中信大飯店大業館等。

◆其他類型

在台灣地區的旅館，舉凡汽車旅館、民宿、國民旅舍，及一些非由觀光主管機關管理之住宿設施，如山莊、農場會館、青年活動中心等。因國內的所謂汽車旅館的營業背景與商業環境條件，有異於別國；與國外的汽車旅館皆位於高速公路交流道附近，提供旅途中的駕駛人平價住宿用有所不同；目前國內的汽車旅館經營在客房設施與備品也相當有自己的特色。此外，民宿則多在風景區附近的一般住家，提供遊客臨時過夜用，目前國內農委會對民宿業者所提供的住宿安全及品質也很強調。

(二)餐飲業的分類

餐飲業包括了旅館餐飲設施、各公共餐飲服務，包括外食業、速食業、醫院、學校與機關團體等餐飲相關服務。餐飲業若以企業管理理論來定義，餐飲業應屬「零售服務業」的經營型態，其所販賣的產品，除了有形的餐點與飲料，無形的服務與用餐氣氛也很重要（黃英忠，1999）。餐飲業基本上應該涵蓋三個組成要素：第一，必須要有餐食或飲料提供；第二，有足夠令人放鬆精神的環境或氣氛；第三，有固定場所，滿足顧客差異性的需求與期望，並以營利為目的之商業行為。因此，餐飲業遂發展出不同型態與風格的餐廳，種類不勝枚舉。以下將說明一般餐廳、速食餐廳、風味餐廳、咖啡館、主題式餐廳及複合式餐廳等，期望讀者能夠對餐飲業

有進一步暸解（賴文仁，2000）。

◆一般餐廳

1. 中式餐廳：為供應中國料理的中式餐廳，依各地菜系不同應有盡有，可分為北方菜、江浙菜、杭州菜、川湘菜、福州菜、廣東菜及台菜等口味。
2. 西式餐廳：為供應西方國家、民族的菜色及不同的服務方式，諸如法式、義式、美式、德式及俄式等各國料理的西式餐廳。
3. 異國料理餐廳：為供應其他國家、民族之料理，諸如日本、韓國、越南、泰國、印尼、南洋等非中西式餐點的料理餐廳。

◆速食餐廳

供應中西日式快速又便利的餐點飲料，諸如中式點心、燒賣、燒餅油條等的中式速食餐廳，以及漢堡、薯條、炸雞等的西式速食餐廳。

◆風味餐廳

供應獨特烹調處理及風味菜餚的餐廳，諸如碳烤、酥烤、奶焗、串燒、岩燒、鐵板燒、火鍋、藥膳以及強調私房招牌菜的餐館。

◆咖啡館

主要供應不同產地與品種的咖啡飲料，依其店面設計所呈現的氣氛與訴求手法，有日式傳統、歐式風格、美式作風以及業主獨家風格別樹一幟的咖啡館。

◆主題式餐廳

針對食材選擇、菜餚烹飪、店面裝潢、氣氛營造、訴求題材以及營業型態方面與一般餐廳有所相異,強調以主題取材又有獨特進餐情趣特色的餐廳,舉凡景觀空間的庭園式餐廳、有機纖維的健康餐飲館、各式休閒主題式餐廳及有現場樂團演奏的Music Pub等餐館,諸如TGI FRIDAY'S、Ruby Tuesday、PLANET HOLLYWOOD(好萊塢星球餐廳)、CAPONE'S(卡邦義大利餐廳)、DAVE & BUSTER'S(Taiwan)主題娛樂餐廳、HOOTERS美式連鎖等餐廳。

◆複合式餐廳

除了經營餐廳外,還結合其他產品的供應與服務,舉凡花藝、書籍、藝術品、飾品、衣物,以及供應諸如可樂、卡通人物授權商品等。其他經由經濟部商業司頒訂類型,諸如供應便餐、麵食、點心等,領有執照之燒臘店、豆漿店等的小吃店業。從事冷飲、水果飲料等供應,領有執照之冰果店、泡沫紅茶店等的飲料店業。另外,旅館業者也將其所屬的餐館設分店,或直接投資設料理店,進駐百貨公司的美食街區及購物中心的美食廣場,提供消費者在購物消費之餘,休憩時多一種用餐選擇。總而言之,餐旅服務業必須衡量業者本身所能提供的資源,結合各類適合自己也能迎合消費市場的服務/產品,適時適度地掌握市場動態,調整自己的經營方針與行銷計畫,才能在這瞬息萬變的行銷環境競爭中立於不敗之地。

(三)旅遊業的分類

旅遊業包括了各式各樣相關聯的行業,例如:公共交通運輸業、航空運輸業、出租計程(汽)車、鐵路運輸、捷運系統、旅行代理(含旅行社、旅遊批發商及零售商),以及遊程設計資訊與傳

播系統等。對於旅遊業的定義，各個國家皆有不同的解釋，以台灣政府對於旅遊業的定義有以下三種（沈沛樵，2006）：

1. 台灣交通部觀光事業委員會，對旅遊行業定義為觀光事業之中間媒介，實施推動旅行事業主要橋樑。
2. 台灣交通部觀光局說明旅遊業是一種為旅行大眾提供有關旅遊方面的服務與便利之行業，其主要業務為憑其所具有在旅遊方面之專業知識經驗及所蒐集得到之旅遊資訊，提供旅遊相關方面的協助與服務。
3. 台灣「發展觀光條例」中的第2條第十款說明旅遊業是指經中央主管機關核准，為旅客設計安排旅程、食宿、領隊人員、導遊人員、代購代售交通客票、代辦出國簽證手續等有關服務而收取報酬之營利事業。

我國旅行業依經營業務分為綜合旅行業、甲種旅行業及乙種旅行業三種，其中乙種旅行業之經營範圍僅限於國內旅遊業務方面；甲種旅行業除了可經營國內旅遊業務外，亦得經營國外旅遊業務；而綜合旅行業之經營範圍除了涵蓋甲種旅行業之營業範圍外，另可經營批售業務。

第二節　餐旅行銷的意涵

一、餐旅服務業行銷觀念

現階段，我國服務業的重要性隨著邁入二十一世紀而愈形重要，其部門產出的比例，已占國民總生產毛額68％。隨著消費型態

的演變，為了因應市場競爭態勢的消長，行銷觀念勢必要有所改變。由於服務業產能早已超越製造業，服務產品的產生具有不可分割性的特性，消費者與服務業提供者的接觸與互動愈來愈頻繁。服務業行銷具有「一次失敗就否定性」，若對顧客服務有一次失敗，引起顧客反感，無論有無任何理由或藉口，則很有可能失去顧客下一次光臨的機會，致使前功盡棄。餐旅業所提供的產品／服務，為求滿足顧客的慾望與感受，使其認為業者所提供的產品價值能與其所付出的價格相符合，甚至有物超所值的感受，抑或為滿足其炫耀心理。因有些消費者所指定購買的服務性產品的理由，只是反映某些個人自尊、認同、地位的心理需求，只是追求象徵意義，而非實質利益，諸如在總統套房床罩上鋪滿玫瑰花瓣、在神戶牛排上撒些黃金粉片等做法。故餐旅業行銷者必須懂得顧客的心理需求與慾望，增加顧客的消費附加價值，提升顧客的滿意度與忠誠度，進而達到顧客、業者與員工三贏局面。

二、顧客服務導向行銷觀

由於餐旅服務業具有服務業的特性，故其產品只能在特定的時間／期間，位於特定的場所，進行接受服務的行為與活動，而且只能在特定的期限使用一次，不能將之帶離「現場」。事後也只能回憶菜餚的色香味、房間的舒適感、服務的真誠禮（也就是親切、誠懇、禮貌）；雖然無法重複「使用」，若其產品令人滿意，只有再度回去該特定現場「使用」，不過，每次「使用」的感覺，受到當時人事物與周遭環境的氣氛使然，可能感受會不一樣，這也是餐旅產品特性之一。又如旅行社的套裝旅遊，其產品組合中，所包辦的住宿與餐飲，消費者是無法事先判斷這些業者所提供的服務產品品質是否為他們所接受，所以需承受不同程度的心理負擔及風險。

　　由於上述因素，故餐旅業者應努力將抽象無形的產品儘量更具體與有形化。如SOP的作業流程及設立080-免付費電話，作為與消費者雙向即時溝通的管道，解答顧客問題與抱怨等。將有助於服務品質的提升，也讓消費者能在實際上感受到高品質服務的真諦，主要以顧客服務為導向的具體理念。此外，目前網路盛行，消費者即可透過網路分享其餐旅業者所提供的產品服務的優缺點，其為餐旅行銷的重要途徑，因其散播的速度與廣度將比傳統的行銷管道之影響度更為重要。筆者認為餐旅服務業所製造出來的產品，大多屬於純消費性的，使用過後就消失於無形，化為回味與體會。是故，如何使「無形產品」有效的運用「有形服務」力求表現，呈現在顧客面前的服務消費性產品，能獲得青睞與滿意，是所有從事餐旅行銷人員必須重視的議題。

三、行銷管理在餐旅服務業中扮演的角色

　　現今的行銷方式可說是多采多姿，尤其在我們生活的周遭，每天都上演著無數個行銷的活動。例如：公車上的廣告看版、電視牆的跑馬燈、電台的廣播放送，甚至是街坊鄰居的介紹等等。然而為何有這麼多的行銷活動呢？企業為何願意花大筆的預算在這些活動上呢？其實說穿了目的只有一個，就是希望藉由這些行銷活動的宣傳，來增加客人渴望消費的意念，進而提升其購買的意願。行銷大師菲利浦‧科特勒（Philip Kotler）就曾說過：「行銷活動除了可以滿足人類的需求，還可以從中獲利達到自我滿足。」另外，美國行銷協會對於行銷也做了以下的定義：「行銷是理念、商品、服務、概念、定價、促銷及配銷等一系列活動的規劃與執行過程，經由這個過程可以創造出交易活動，以滿足個人與組織的目標」（吳萬益，2006）。可是，我們還是要強調一下，唯有注重消費者

的需求，才能得到消費者的認同，進而取得市場的動向。因為，就算有再優秀的員工，若無法瞭解客戶真正的需要與需求，沒有生意上門這些人都無用武之地！所以企業應多多善用科技及行銷策略，以發掘潛在客戶他們真正的需要與需求，並提供良好的服務將產品銷售給客人，來滿足客人的慾望，讓生意順利成交。企業管理大師彼得‧杜拉克說過：「行銷的目的是要使銷售工作成為多餘的，而行銷的活動是要造就顧客處於準備購買的狀態。」（吳萬益，2006）。同時他也認為，「創造顧客」是企業的首要任務；而這個「創造顧客」就是意味著找出客戶所需要的商品或服務（鄭建瑋，2004）。由此可見，一個成功的行銷，就是不斷地發掘顧客的需求，並透過美麗的人事物及高科技的方式，使其產品或服務產生出極大的吸引力，然後再經由一系列有計畫的宣傳和促銷活動，以建立品牌的形象與品牌權益，讓消費者心甘情願陷入這行銷活動的制約。

服務業是以人力勞動服務為主的產業；餐旅服務業更是人與人之間，服務人員與顧客面對面互動所產生服務與被服務的行業。故其所提供之服務不僅包括提供使顧客感到舒適而裝設之硬體設備，更須藉由人（員工）的服務行為或態度來滿足顧客之需求。賴文仁（2000）指出行銷在餐旅服務業中扮演的角色，可謂「服務商品化妝師」，能適時適度適當地呈現具有適宜性的整體服務品質、精神與企業形象。近年來國內餐旅業經營者很重視整體企業形象，故對硬體設施如外觀裝潢與設施等投入很多的資源，但餐旅業者若能以行銷管理的觀點來管理服務產品內容，整合硬體設備與軟體的服務精神與服務品質，相信餐旅業者能得到事半功倍的成效。

第三節　餐旅行銷觀念的演進

　　餐旅行銷的觀念是近世紀才發展形成的，在本世紀以前，餐旅產品和服務與其他產業一樣，都是以傳統直接的方式進行銷售，原因是當時的餐旅產品並無太多的選擇性，例如：觀光景點設施的不足、餐廳種類和數量過少。企業對市場的觀點，隨著社會、經濟、競爭情勢的變遷而演化。百餘年來的「市場理念」發展可分為（曹勝雄，2001）：

一、生產導向（production orientation）

　　只要產品不錯，就可以賣出去，該時候需求大於供給、產業受到保護或當事人過度迷戀技術時，容易產生生產導向。容易導致「行銷近視症」（marketing myopia），而忽略行銷環境與消費者需求的變化。如以為咖啡只要濃香即可賣得好，而忽略了咖啡也可用來凸顯生活品味、與人分享心情、放鬆心情等。

二、銷售導向（sales orientation）

　　只要想盡辦法把產品賣出去，賣出既有的、但未必是符合消費者需求的產品；炒短線，追求近利，容易導致廣告不實、對消費者干擾或造成壓迫感。如有些餐廳利用展示櫥窗廣告其餐廳料理，但實際上料理並未如櫥窗上的食材與美味，消費者有時會有被騙之感。又如出遊時常看到旅遊勝地的街上，小販口沫橫飛招攬客人購買東西，但當消費者買後才覺被騙，而後其人已經消得失無影無

蹤，這就是秉持銷售導向。

三、行銷導向（marketing orientation）

重視消費者的利益，透過滿足客戶來獲利。如義美食品公司多年來強調「這樣做對消費者好不好，會不會更好」，所以該公司不斷的創新，不斷的自我要求，希望將最好的食品以合理的價格賣給顧客。由於義美在食品領域中十分的用心，做自主性的垂直與水平拓展，且和合作廠商做長遠的合作。

圖1-1為銷售導向與行銷導向之比較。

四、社會行銷導向（societal marketing orientation）

企業除了滿足消費者與賺取利潤之外，也應維護整體社會與自然環境的利益，衍生出「綠色行銷」的觀念（**圖1-2**）。如麥當勞的「雨林政策」，因為麥當勞宣稱從過去到現在及到未來，她們絕不購買那些來自破壞雨林的農場所提供的牛肉。任何麥當勞的供應商若違反這項政策，他們將會馬上斷絕交易關係。其目的希望達到自

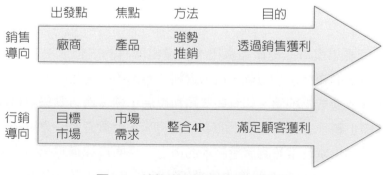

圖1-1　銷售導向與行銷導向比較

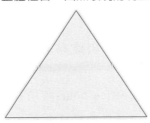

整體社會、自然環境的利益

消費者需求　　　　　　　　　企業利潤

圖1-2　社會行銷導向

然環境、消費者與企業者三者間之平衡與共生，而非因企業的利潤而犧牲自然環境等。

　　綜合上述餐旅行銷市場理念的演進，以旅館業為例說明歸納如下：

1. 生產導向：旅館裝潢及設備皆很豪華，一定受到市場的歡迎。
2. 銷售導向：旅館儘量在媒體打廣告大力宣傳，一定可以掌握市場。
3. 行銷導向：旅館必須先瞭解目標客戶的口味等需求，設法滿足他們。
4. 社會行銷導向：我們必須秉持最高的衛生與環保原則，並定期回饋社區。

 **命不好就自己造命吧！創造話題與體驗行銷之魅力！**

　　今天班上有位學生在 office hours 時間找我，她說她要休學。可能是我創造了一個休閒與輕鬆的談話氛圍，喝著咖啡，加上田園輕音樂伴隨，於是這位同學跟我分享了她的成長故事與心情──她的原始出生家庭經濟較差，因此她自高中開始即白天去學校唸書，晚上去打工賺錢，努力考取了國立科大，但還是得不到家人對她的支持與認同，她對自己沒自信，認為自己外表平平，覺得自己很歹命⋯⋯。

　　每個人的命與運不同，有些人是含金湯匙出生，有些人出生美若天仙，有些人則是平凡無奇；但每個人的價值並不一定因為其出身或命運就被限制了。別人具備優良的天賦，我們雖無法同樣擁有，但我們能否發光發熱，只要自己盡最大的努力，懂得行銷自己，相信總有「出頭天」的一天。

　　如何懂得行銷自己？我趁機跟學生分享我正在閱讀新聞報導，藉此說明自己要努力創造話題與行銷自己。「台北市觀光傳播局 2011 年度十大熱門觀光景點出爐，第一名為國父紀念館、中正紀念堂、故宮博物院等三景點，而最後是林語堂故居及順益台灣原住民博物館。」前者中正紀念堂、國父紀念館等因有原創性話題（命好）與 location 佳（運佳），因具有政治性，又有一定的歷史價值，再加上免門票的特性，交通方便，所以成為觀光客最常去的地方。後兩者可能就不如前三者所具備的良好背景與資源，所以其觀光客就相對較少。

　　但有些地區比較少有原創性的資源，但她們不服輸，她們自

創話題性新聞來安排行程吸引旅客，如台中市因《少年Pi的奇幻漂流》電影，新聞局市府計畫推出「少年Pi的奇幻之旅在台中」的美食、心靈觀光行程，以吸引遊客。主要將帶領民眾走訪李安與劇組人員愛吃的酸菜白肉鍋、水餃及麵點等台中道地美食。另也會有「心靈深度之旅」，帶領民眾漫步草悟道。據說，草悟道是李安在台中拍片時愛去的地方之一，一起體驗李安創作靈感的來源。此外，台北的艋舺龍山寺也因為《艋舺》這部電影而引起更多人參訪龍山寺，老一輩的人對龍山寺或許不陌生，但年輕一輩可能就比較不熟悉，但經由創造話題，再加上對龍山寺周邊環境之規劃等，使得它聲名大噪，也變成重要的觀光景點。

　　這幾年來，筆者有機會擔任休閒農場與民宿的服務管理評選委員，讓我感觸良。多有很多的農場或民宿主人，他們雖然沒有很好的區位或者原創性的資源，但他們靠自己的努力，結合農場或民宿本身既有的農業生產，發揮創意，如DIY之體驗行銷，也為農場與民宿帶來很多顧客前來消費。如苗栗大湖，甜點的夢幻國度，巧克力雲莊，該民宿除了提供吃喝玩樂外，還提供百來個寬敞舒適的場所，提供巧克力DIY，不少父母帶著家中的寶貝來體驗巧克力DIY，增進親子間的感情。還有苗栗的飛牛牧場，除了提供住宿與餐飲外，亦提供很多DIY活動，如冰淇淋搖搖樂、彩繪肥牛、搖滾瓶中信、ㄋㄟㄋㄟ餅乾及牛奶雞蛋糕、餵小牛喝ㄋㄟㄋㄟ等活動，很多遊客主要是因為小孩子要體驗活動，而選擇去該牧場。位於新北市淡水區的淡水古蹟博物館。該城最早是在1628年由當時占領台灣北部的西班牙人所興建，後來聖多明哥城遭到摧毀，1644年荷蘭人於聖多明哥城原址附近予以重建，又命名為「安東尼堡」，最近也推出紅毛城公仔DIY體驗，故最近該古蹟也衝破六百萬人次旅客。又

如桃園的林家古厝是棟紅磚堆砌的三合院建築，其實原本是一個老房子，但經過農場主人的創意與巧思，利用農地提供遊客焢土窯、烤肉區及廣大的草皮，還有設水池的兒童遊戲區，讓交通位置不是很棒的地區，不管假日甚至平日也都有遊客參訪。

同學對我以上的分享甚感興趣，因為她在課堂上有聽其他老師說宜蘭的民宿與休閒農場的行銷做得很好，故想進一步瞭解宜蘭的觀光休閒發展之行銷？

觀光休閒餐旅業是需要被行銷的，因宜蘭對於觀光休閒的行銷，不管是上至地方政府行政官員下至辦事員以及宜蘭的民宿和休閒農場業者皆很努力與團結，積極用心新經營，不斷的創新與行銷，如宜蘭香格里拉休閒農場、頭城農場、廣興農場、三富休閒農場、綠野仙蹤休閒農場、北關休閒農場等，各農場皆提供很多當地的農場體驗活動，除了各自努力外，還打群聚行銷，如宜蘭中山休閒農業區，休閒農業區以種植素馨茶及文旦柚為主。園區內有休閒農場、觀光果園、風味餐廳、民宿及茶園，宜蘭中山休閒農業區以茶為主題農場，周邊民宿眾多，著名的宜蘭香格里拉、三富及東風休閒農場皆位處於此區，故吸引很多台北及各地的遊客至宜蘭休閒觀光。此外，宜蘭的民宿亦相當具有特色，可分為員山鄉、南澳鄉、三星鄉、羅東鎮、宜蘭市、冬山鄉、礁溪鄉、壯圍鄉、頭城鎮、五結鄉、大同鄉及蘇澳鎮等一市三鎮八鄉，在這十二個鄉鎮市的民宿中，羅東鎮、冬山鄉、礁溪鄉、五結鄉等各鄉鎮皆超過一百間民宿，民宿業者與各地區亦組成民宿發展協會，共同努力打群聚行銷，發展宜蘭地區休閒觀光，是競爭對手，也是合作夥伴，故地方政府常邀請休閒觀光餐旅等相關專家一起幫忙輔導與評鑑宜蘭的民宿業與休閒農場。嚴格來講，它的資源並不是很好，宜蘭雖然天

候不佳，常下雨且又沒有重要工業發展，但個人對於宜蘭縣政府及民間業者的攜手合作，大家一起努力創造話題行銷，進而讓遊客至宜蘭體驗行銷，很成功地將宜蘭的觀光休閒餐旅產業行銷至全台灣，甚至全世界，這樣的精神值得給它按個「讚」啦！

　　光陰似箭，兩個半小時的office hours就這樣悄悄流逝，我對宜蘭民宿及觀光農場的瞭解，讓同學深表欽佩，我告訴她因為我是休閒農場的輔導老師與服務品質的評鑑委員，經過努力的研究做功課，充實我對宜蘭民宿與休閒農場的專業認識，這樣才能表現得專業，建立口碑，創造話題行銷，行銷自我，餐旅業行銷亦是如此。輕音樂還在播放著，但咖啡已經冷了，我告訴學生：只要放開心胸，保持正面的態度，積極面對自己的未來，努力再努力，在適度時機行銷自己，堅持下去，我相信妳會有好的結果，不要休學，因為只要妳放棄，那麼以前努力考上國立學校的心血就都白費了。學生聽了表示她會再考慮休學問題，不過，至少我知道她這學期不會休學了！

第二章
餐旅行銷市場環境

- 餐旅行銷總體環境
- 餐旅行銷個體環境
- 餐旅業SWOT分析與行銷部門
- 個案分享

任何企業市場營銷活動發展將對環境造成影響。餐旅業和其他許多行業一樣，都無法自絕於外部環境的影響，它們必須和環境進行某種交換。例如企業必須從環境中取得各種資源，包括人力、原物料和設備等，然而，企業所生產的產品也將回饋給環境，這包括「好」的產品（如遊樂業提供遊玩的場所）及「壞」的產品（如餐旅業在生產過程所製造的汙染），因此一個成功的企業是無法忽略環境所帶來的衝擊，也無法忽略它對環境所帶來的影響。同樣的，行銷管理人員也不能忽視行銷環境（marketing environment）的重要性（林建煌，2006）。這幾年來在網際網路的推波助瀾下，消費者可以在彈指之間輕易取得相關資訊。但相對的，也因為資訊取得如此的便利，促使當今的顧客對於企業抱持著更多的期待與希望。導致許多企業在面對高度競爭壓力之下，被迫必須由以往產品導向的經營模式轉變為以顧客為導向的經營模式，重視整體行銷活動對環境的衝擊，減少負面影響並提高對環境友善度。

所謂「行銷環境」是指行銷部門或功能之外的、對市場或行銷活動有影響的因素集合，行銷環境大致上又可分為「行銷總體環境」（marketing macro environment）和「行銷個體環境」（marketing micro environment）。前者包括人口統計、經濟、政治、科技、社會文化等組織無法掌握的外在環境力量，後者則是指供應商、顧客、行銷中間機構及競爭者等。無論是總體環境或是個體環境，對於餐旅業的行銷決策及效能皆具有立即或長遠的影響，行銷者必須密切注意其發展及變動之可能性。本章節主要針對行銷組織在餐旅服務業營運管理中如何運作，以及其面對行銷環境的認知內容與因應之道，此即所謂「知己知彼，百戰百勝」。本章首先介紹餐旅行銷總體環境及餐旅行銷個體環境，進而以SWOT分析，以瞭解企業之優勢、弱勢、機會與威脅，最後是個案分享。

第一節　餐旅行銷總體環境

「總體環境」（macro environment）是指影響層面較廣大深遠、較難控制的、會間接影響個體環境的因素，因此「總體環境」也稱為「間接環境」。「總體環境」的變化比較緩慢，涵蓋的環境變數很多，但影響層面卻較為廣泛。餐旅業者對大環境的動態變數，有時是無法掌握及控制，業者應儘量調整，並掌握其演變的潮流，以避免歇業的惡運。茲就政府政策、經濟環境、產業趨勢、社會文化（social-culture impact）、科技演進（technology development impact）及其他總體環境變數之影響說明如下：

一、政府政策

服務業發展政策之改變，如服務業在2004年法令規章活化性，從正面表列（positive list approach）意思為「法律說可以做，要經政府核准後才可以做」改變為負面表列（negative list approach）：「法律只交代不能做的，其他事情都可以做」，因負面表列避免政府干預，故有利於餐旅業者之經營與創新等。此外，政局動態、政黨互動、政府施政、政經管制、法律規定等政治法令等，將會影響餐旅業之經營與發展。如投資餐旅業所承擔的資金融通的風險與日俱增，尤其旅館業投資案因土地取得困難、相關行政申請手續繁瑣，及資金借貸周轉等難易程度的影響，其投資結果差別頗大。再者，餐旅業的市場具有明顯的地緣性。投資者對於其營業所在地之區域公共建設非常重視，舉凡水電瓦斯、交通電訊、金融媒體等基礎設施要齊備，當地經濟發展要成熟而穩定，以利其經營條件。故

餐旅業行銷者對於其營業所在地之當地政治生態、治安狀況、警政稅務、衛生環保、勞工權益等之主客觀因素,有無公正的法令規章與適當的配套措施,是非常重要的因素。

二、經濟環境

(一)經濟政策走向

如管制政策業者被過度保護；自由開放政策,政府尊重市場機制,企業競爭大,透過自由市場,消費者享受良好餐旅服務品質。

(二)經濟景氣

如經濟循環,在經濟衰退、復甦、繁榮或蕭條時,因為處於不同階段對其價格敏感性不同,故餐旅行銷者對於價格的訂定應考慮經濟循環因素。若經濟貿易穩定成長,景氣持續擴張,如股市一片看漲,則證券公司附近餐廳下午茶時段滿座；若遇上產銷不佳、股市不振、通貨膨脹等景氣蕭條現場形成,則旅館餐廳生意門可羅雀。

(三)家庭所得

家庭所得增加,則餐旅休閒等消費額將相對增加,故餐旅行銷者亦應注意該環境因素而做調整。

三、產業趨勢

(一)服務提升競爭力

服務業者除了提供好的產品與技術外，強調服務以強化競爭優勢，有利於延續企業競爭優勢。因為消費者很重視服務態度與實際體驗的感覺，故餐旅行銷業者特別要注意該因素。

(二)加盟體系興起

在台灣，零售產業非常興盛，由於加盟店具標準化運作且具規模經濟，可增加加盟總部營收，且可以降低成本，維持體系的品質，但須提供教育訓練與監控品質，如50嵐飲料店、美而美早餐店等。

(三)策略聯盟

所謂策略聯盟基於互信、互補與互利的基礎上，兩家或以上的企業分享彼此的資源。策略聯盟讓服務業者得以延伸服務項目與區域，強化其競爭力，服務多元化，讓消費者有更多選擇。

(四)創新經營與管理

因服務是「無形」的，有其服務的特殊性，故其創新思維很重要，透過創新與發展，業者才能接受更高的挑戰。且服務相較於一般產品，服務業產品比較難申請專利權或所有權，故比較容易被同行者快速模仿。因此餐旅業要不斷的創新，才能延續企業，消費者亦能享受更多元的餐旅產品。

四、社會文化

社會文化環境包括影響社會基本價值、認知、偏好和行為的機構，以及其他勢力。社會是一個集合體，為每一成員塑造基本的信念和價值觀，這些成員吸引及定義他們彼此之間，以及與其他人關係的世界觀（楊明青、尹駿，2006）。社會文化的特性對於行銷決策仍有影響力存在，例如：餐旅休閒方式多樣，如地方慶典與特色旅遊、各類戶外休閒活動（野外賞鳥、森林健走、腳踏車環島）、休閒相關產業（旅館、民宿、餐廳、交通等），展現不同的文化環境。

檢視當前家庭結構、人口結構、生活型態、消費習慣、次文化世代及價值觀念等社會文化變數，舉例說明如下：

(一)家庭結構

家庭結構隨著社會變遷而有所改變，如女性教育水準提升，單親家庭增加，女性外出工作比例增多，所提支配亦提高，故增進家庭收入，且男女消費方式不同等，故餐旅行銷應考慮此因素。

(二)人口結構

人口老化的浪潮，正席捲全球，隨著生活水準和醫療技術的進步，無論是已開發國家或開發中國家均面臨「高齡社會」，我國早在民國82年就已正式邁入聯合國定義的高齡化社會，即國內65歲以上老年人口占總人口7%，預計民國106年台灣老年人口就會超過14%、進入「高齡社會」，到民國114年，台灣更將邁入老年人口超過20%的「超高齡社會」（邱淑媞，2011）。前行政院衛生署署長

詹啓賢在「因應人口老化問題之政策建言」研討會中指出，人口老化是一個全球性的議題，也是人類在二十一世紀的重大挑戰之一。陳筱瑀、葉秀煌（2010）亦指出，二十一世紀高齡者休閒產業將是一大熱門商機。因此，設計規劃行銷高齡者所需求的餐旅產品將不容忽視。如筆者之家族長者常於週末假日參加進香團旅遊休閒活動。

(三)生活型態

由於台灣的教育普及，青年人普遍呈現就學年齡延長，使得就業、成家、生子皆有延後之趨勢，且單身人口的增多，也有不婚或單親家庭，下一代出生率呈現遞減之現象，故社會結構出現少子化型態。此外，女性就業率的普及和單身、雙薪及SOHO族等人數增加，這些現象都可能增加了不少餐旅業的機會。故餐旅業者應重視該問題，並開發設計符合此社會結構改變的餐旅產品。

(四)消費習慣

現今職業性質多元化、工作時間彈性化，影響消費者生活與消費型態多樣化、個性化、精緻化。現代人強調物質享受，追求休閒生活，講求便利又快速的消費，使得生活產業應運二十四小時營業，以滿足不同時段不同層次的消費需求。

(五)次文化世代及價值觀念

餐旅服務業的市場環境，隨著社會快速變遷及消費流行文化的影響，而呈現多元化與時效性。如餐飲業從多年前以法國式服務為主的西餐廳，演變為義大利餐廳；現在都會人較傳統的老饕只注重美食內容與口味，更加重視用餐的情境與樂趣，當今主題特色餐廳

乃應運而生，引領潮流。

五、科技演進

　　檢視當前技術研發、電傳視訊、資訊科技、科技趨勢等科技演進變數，以謀求因應之道。科技的演進影響消費者生活型態與消費行為，尤其在二十世紀末通訊與其他科技的整合，迅速地衝擊世界各地消費者的消費習慣，改變全世界大多數國家商業活動及交易行為。透過科技新穎的溝通工具，諸如觸碰式螢幕或電腦語音系統，還有網際網路Internet瀏覽器等，使得消費者獲得其所需要的資訊與服務更加容易、也更多樣化的選擇。科技突破對餐旅產業造成的影響甚大，例如：航空公司所採用的電腦訂位系統（computer reservation system）、越來越被普遍使用的電子機票，旅館訂房中心利用電腦來訂房並實施營收管理系統（yield management system）、旅行業採用電腦化作業管理系統等，都是為了提供顧客更方便、快速的服務。此外，網際網路行銷（Internet marketing）的運用更縮短了顧客與業者間的距離。對提供消費性服務的餐旅服務業而言，隨著事務機器技術的更新發展，改變一些服務管理作業流程，主要著眼於資料傳遞迅速快捷、完整無誤又正確，縮減服務供應者與消費者雙方的時間與流程，例如有些外帶餐廳如pizza店等提供傳真回傳菜單服務；也有餐廳利用掌上型點菜機，將點餐的資料傳遞到廚房；或者顧客可以在櫃檯或餐桌上的觸碰式電腦螢幕的菜單直接點菜。

　　另外，科技的升級和發展降低了餐旅業者對於旅遊代理商預約作業的依賴性，紛紛成立網際網路Internet服務網站，同時訓練員工上線作業，以發展本身的網路訂房系統，拓展新的客源通路；並強化顧客服務部門的功能，使得業者更能集中增強內部相關資源，以支援第一線服務人員的服務工作。

六、其他總體環境變數

餐旅服務業也常常面臨到天然災害的影響,尤其颱風、地震等天災所帶來不可抗拒的山崩、水患之破壞,迫使鐵、公路坍方與海、空運交通中斷,使得住宿業遭到不正常退房率、訂房率與住房率大跌;雖然業者大多自備有發電機或其他供電系統,但天然災害所帶來的陰霾,使消費者興致大減,餐飲業被取消的訂席量大增,相關業務大受影響。由於太平洋所形成的颱風登陸台灣,花蓮經常首當其衝,每當颱風來襲就會影響業者生意前後兩週以上。因此,該地區的業者在擬訂年度營運計畫與行銷策略時,天災變數所帶來的影響須納入,並研擬因應之道。

第二節　餐旅行銷個體環境

本章節主要探討餐旅行銷個體環境,因此將針對餐旅行銷組織系統,以認識餐旅服務業行銷組織的功能與職責;行銷部門組織內部運作,其目的在瞭解行銷部門於餐旅服務業管理機能組織中運作情形與所扮演的角色;行銷部門對外業務拓展,以瞭解餐旅服務業行銷組織角色、功能與運作及餐旅行銷個體環境的行為;茲作進一步說明如下(賴文仁,2000):

一、行銷組織系統

行銷部門的組織結構常常取決於餐旅服務業的營運需求與經營規模,譬如獨立經營(自營)的餐館,可能只需要一個專業人員來

策劃及管理行銷運作與活動；而未必像連鎖旅館或其他餐旅業那樣需要一個分離且獨立運作的組織部門來主事行銷管理。其中以旅館業爲例，旅館業者設立行銷部門的目的與功能大致相同，只是在組織名稱上，由於每家旅館的定位、規模，及所賦予的重點功能與任務範圍，以及掌握執行管理權的大小不一，而有所不同。

　　近年來行銷部門爲因應競爭的動態市場環境，掌握消費者多樣化的需求，在組織運作上單位調整日趨彈性化、專職化與任務導向化。其中有一項職務，也就是行銷企劃逐漸受到業者的重視，而其計畫性前導的組織功能，以及對業績成長的間接效益，有如「火車機頭般的拉力」愈趨重要。於是，有些旅館在行銷業務部組織體系下，設立行銷企劃專職主管，其職位相當於主任、襄理級，甚至經理級，負責各項市場資訊整合與分析，及客房促銷企劃與執行，例如中信大飯店行銷總管理處；有些隸屬於旅館餐飲部或在自營餐飲業中，專責整年度餐飲活動及節慶特別活動企劃與執行，例如王朝大酒店；有的則整合客房與餐飲行銷企劃，例如高雄寒軒國際大飯店企劃部；甚至將媒體公關、媒體購買、活動企劃與促銷等相關公關業務也納入其職責。

二、行銷部門組織內部運作

　　行銷組織，經由調查、評估、分析、企劃、執行與控制，進行組織活動與運作。而行銷部門最主要的運作，是進行業務拓展、活動企劃以及行銷管理，以達成經營者的經營目標。當餐飲／客房部門爲最主要的營利部門、利潤中心時，行銷部門在整個組織中爲「開源中心」，除了有如戰場中的「前進基地」般地打頭陣，對外當「先鋒」；在內當「軍師」運籌帷幄，提出行銷計畫與業務執行，以開拓客源，提高業績。

　　行銷人員要經常思考環境對組織本身之影響，如思考要推出何種服務／產品，其活動是否為消費者所需求的；有沒有競爭者的加入或同類服務／產品，如何與競爭者在消費市場上取得優勢！若沒有消費市場所需之服務／產品，可否創造出新的服務／產品需求，以製造消費社會新話題，甚至帶動新風潮。行銷部門要負起整合內外部行銷環境資源的責任，對外尋求消費市場能接受何種服務／產品，或對何種服務／產品感到興趣；對內找出「生產部門」在其可運用的資源下，可提供何種服務／產品，或能創造何種服務／產品。行銷部門扮演整合者，並操作使之達到供需均衡點。

　　在餐旅行銷活動中，業務代表所接觸到的相關業界環境，從實際與顧客溝通中，獲得的市場訊息與消費動態；以及行銷人員所蒐集到的商情、行銷環境與相關市場消費資料，進行市場調查、檢視、評估及分析，提供部門主管參考。部門主管就相關資訊與相關餐飲、客房營運部門數次，開會溝通，交換意見，看看營運部門以及相關勤務支援部門能夠提供何種資源及產品層次，以瞭解可運用哪些資源及可以支援到何種程度。於是，部門主管就相關整合資訊，作必要之判斷，擬出一套行銷管理計畫，決定行銷策略、預算以及預定實施計畫，執行行銷活動。在進行行銷管理的過程中，行銷部門主管與總經理，要隨時注意與掌握消費市場的動態，適時地進行行銷執行方案的策劃與調整，以及人事時地物的組織、協調、督導與控制，才能達到行銷目標。

三、餐旅行銷個體環境的行為

　　餐旅行銷個體環境，亦稱「行銷微觀環境」，**圖2-1**可以看到個體環境的行為者，是由顧客、供應商、中間商及競爭者等四個群體所組成。行銷管理者的任務，是透過創造顧客價值和滿意，來建立

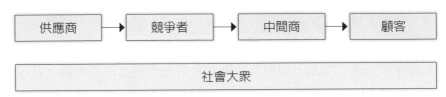

圖2-1　公司個體環境的主要行為者

顧客關係。行銷計畫要成功，必須與公司的個體環境密切合作（楊明青、尹駿，2006）。

(一)顧客

顧客（customer）是商業服務或產品的採購者，他們可能是最終的消費者、代理人或供應鏈內的中間人。在市場學理論中，供應商必須營商事前，瞭解顧客及其市場的供求需要，否則事後的「硬銷」廣告，只是一種資源的浪費，又不環保。現代社會中，「顧客就是上帝」是企業界的流行口號。在客戶服務中，有一種說法，「顧客永遠是對的」。此外，由於現在消費者意識高漲，故無論個人或社會團體均會關注、參與或干擾餐旅產業之行銷活動。如綠色環保組織、消費者文教基金會，以及其他公益團體，對於餐旅產業之產品服務均給予評價，故行銷個體環境行為對於顧客意見應特別重視。

(二)供應商

供應商（suppliers）是指提供公司生產商品和服務所需資源的公司或個人，影響供應商的趨勢和發展，也會影響到公司的行銷計畫。舉例來說，在暑假旺季，對旅行社來說機位是一大需求，但旅行社不能只跟某兩、三家航空公司合作，因為在旺季時常常是一票

難求，此時，航空公司就是旅行社機票的供應商，所以平時旅行社就必須與各家航空公司密切合作，才不會造成旺季時搶不到機位的狀況。

從供應商廣義的角度來看，凡是提供觀光地一切所需的服務之行業，如飯店、航空公司、餐廳、地勤服務、會議設備及娛樂設備等，都是觀光供應商的要素。地區會議中心和觀光局（Convention and Visitors Bureau, CVB）扮演著重要的角色，確保該地區的觀光旅遊產品，都能擁有良好的供應商（楊明青、尹駿，2006）。

(三)中間商

行銷的中間商（marketing intermediaries）是協助公司推廣、銷售和配送商品給最後購買者，協助餐旅業者尋找顧客及創造業績的中間商，包括旅行社和餐旅業業務人員。例如旅行社業者會提出包括機票、住宿等觀光休閒套裝產品，以及旅遊媒體、網際網路、鐵公路運輸業等。

(四)競爭者

競爭者是來自於多方面的。企業與自己的顧客、供應商之間，都存在著某種意義上的競爭關係。狹義地講，競爭者是那些與本企業提供的產品或服務相類似、並且所服務的目標顧客也相似的其他企業。如目前台灣都會型國際觀光旅館面臨的競爭者為汽車旅館；而休閒國際觀光旅館面對的競爭者為民宿或休閒農場等。因此，餐旅產業行銷者應該瞭解行銷個體環境的變化，進而瞭解自己企業的優勢（strength）、劣勢（weakness）、機會點（opportunity）及威脅點（threat）的內外部個體環境變數，此即所謂「知己知彼，百戰百勝」。

第三節　餐旅業SWOT分析與行銷部門

　　當今複雜多變的商業競爭環境中，任何企業很難完全通吃所有的市場。餐旅業亦同，其經營型態與模式與當前商業環境變化息息相關。換言之，環境變數影響對餐旅業發展為重要因素。因此，本節利用SWOT分析進一步瞭解環境對餐旅業的影響，主要可以概分為政治氣候的變化影響政治環境、經濟發展的動態影響經濟現象、社會文化的演變影響社會變遷，以及科技研發的演進影響科技趨勢。而在內外部個體環境中的優勢、劣勢、機會點及威脅點交互影響之下，需要思考餐旅服務業本身可掌控的因應之道。

一、餐旅業SWOT分析

　　站在企業由內往外檢視角度，針對餐旅業組織本身可控制的內外部個體環境變數，進行檢視分析，可經由適當的自行調整，而改變組織策略之運作，去適應或影響動態的商業環境。茲就優勢、劣勢、機會點及威脅點的內外部個體環境變數之影響，分別加以檢視以供參考，並且進一步說明行銷部門對外業務拓展（賴文仁，2002）：

(一)優勢

　　餐旅業者就其本身內外各個經營管理層面的自我檢視，衡量自身條件並設法突顯長處，強化優勢，以便適時地發揮整體力量。

　　1.當今為市場消費主力的中產階級社會群，且重視休閒活動，

追求休閒生活品味，講求便利又快速的消費方式。而多樣化
服務型態的餐旅服務業二十四小時營業，正能滿足不同時段
不同層次的消費需求。

2.餐旅服務業能透過消費活動，以符合顧客對餐飲、住宿與休
閒娛樂的需求，也可以經由設計適宜的行銷活動，來改變顧
客餐飲娛樂消費習慣與偏好。

(二)劣勢

餐旅業者就其本身內外各個經營管理層面的自我檢討，衡量自
身缺點並設法加以改進，以便適時地發揮整體力量。

1.由於餐旅服務業的服務產品特性，須在其營業廳所才能供應
消費者進行服務與消費，無法隨著消費者需求的增減，而可
輕易變換營業位址。換言之，其立地條件的選擇常受到土地
取得困難或店面租金昂貴等因素，使得客源及商圈範圍受到
相當的限制。

2.設計獨特且裝潢新穎的營業廳所，向來為吸引消費者上門的
賣點之一。是故，業者需要編列設計、裝修工程費，少者
數千萬，多者數億元的成本，進行「三年一小修，五年一大
修」，尤以旅館業為最。那些由辦公大樓改裝的旅館建築，
其內外觀結構難以改變；有些老舊飯店可能面對消防保全安
全性、汙水廢棄物處理、供客停車空間等不易改變的問題，
而處於劣勢。

(三)機會點

尋找有利於餐旅業者本身的利益所在及競爭優勢的機會，以便

適機切入市場。

1. 我國國民教育水準提升及休閒概念改變，再加上週休二日制可支配之休閒時間，以及有意願從事遊憩活動，使得國民定點旅遊市場愈形看好。

2. 為鼓勵公務員正常休假，行政院人事行政局於民國85年7月1日，開始實施公務員強制休假制度，對於國內相關服務業經營而言，應屬長期利多。

3. 現代小家庭多成員少，兩性皆在外工作成為雙薪家庭；但是相對的，在家時間少，自行在家烹調之時間及食材成本並不划算，使得消費生活型態改變，出外用餐機率大增。

(四)威脅點

檢視並探究有哪些不利於餐旅業者本身的發展、趨勢或障礙，以便擬訂因應之道或另闢途徑加以避免。

1. 由於年輕一輩的工作價值觀改變，餐旅服務業業者面臨基層員工難徵募、流動率不穩，訓練費用及廣宣開銷日益增加。

2. 服務業的經營知識與know-how，以及服務／產品的創新，極易受到模仿，或做法被整套抄襲。

3. 由於某些業者在市場競爭壓力下，財務結構不健全、管銷費用消耗太過，市場定位不清楚，再加上惡性削價來吸引消費者，致使營收減少所帶來服務品質不良訴病之隱憂。

4. 由於資訊科技快速的演進，電傳視訊所帶來的便利性，致使商務旅客非有必要，不必經常性從事商務旅行，使得目的地流失不少商務旅客的市場。

此外，其他直接影響到經營管理成敗的個體環境變數，還有企

業內部營運狀況、人力資源、財務運作及作業管理等諸因素。餐旅服務業分析市場機會的可行性，以便掌握商機及尋求有利的市場環境條件；但是，需有承擔投資風險與經營失敗的心理打算，唯有適時地檢視市場趨勢，審慎營運，才能化威脅為利益。

二、行銷部門業務拓展

瞭解企業的就優勢、劣勢、機會點及威脅點的內外部個體環境變數之影響，接著介紹行銷部門對外業務拓展之方法與管道（賴文仁，2002）。

(一)人員銷售與業務溝通

雖然現在已經邁入新的紀元，但是以人對人進行業務的拓展，還是最有效的。因為「見面三分情」，透過業務代表的拜訪接觸，可以面對面瞭解客戶或潛在客戶的實際需求與想法，可以當場就被拜訪的客戶想要瞭解的事務或疑問，提出說明與解釋，並進一步地說服他們，獲取合約及訂單。

業務工作是一份集耐性、體力與智慧之任務導向的專業工作。業務人員除了本身需要對其所銷售的各項商品，其服務的內容、商品的價位、營業的時間等等瞭若指掌，還需要應對有禮、穿著得體，注重守時、準時與會，具有良好的工作態度，有適應環境的應變能力，可加深客人的良好印象，進而使達成交易的機率增加；更需要如同已故的國賓大飯店董事長許金德先生所說的「好臉笑嘴」那般積極熱誠的精神。

業務主管不論在爭取或承接宴席會議、契約客戶、住房專案等業務，須具備應有的溝通協調能力、豐富的處理經驗及相關工作的專業知識。使得在帶領業務同仁時，舉凡約客洽談、會議安排、顧

客下榻、餐宴聚會等事務，都能為賓客提供應有的專業服務，爭取顧客滿意的認同與肯定。

(二)企業客戶接洽與業務拓展

行銷部門派業務代表與中小企業客戶接洽，提供公司員工出差、公教人員開會及企業的客戶餐宿的安排。餐旅業者也和大企業集團簽約，作為這些集團企業員工及其經銷商集會訓練的住宿場所。

業務單位可依營運廳館營業所在地區域、區段或商圈範圍，以行業別或是各工商企業類別，與民間團體、公家及學校、學術團體為其業務對象。業務主管就上述區域範圍與客戶類別，可劃分以產業別分組，例如高科技產業等；有以行業別分組，例如貿易公司等；有以團體組織分組，例如扶輪社等；有的專「跑」公家機構或是旅行社、航空公司，以及有的用傳統「掃街」拜訪的方式開發業務等皆有之；並組織數組業務開發組，有以兩人夥伴（互稱partner）或個人（單兵）為一組，或以團隊（team）的方式承辦業務專案，進行業務接洽及簡報的任務。

(三)仲介代理商接洽與業務推廣

業務人員為爭取外地團體旅客或社團，可在各主要及潛在消費市場之地區，安排各種推廣活動，舉凡記者招待會、推廣發表會或推廣酒會等，以便介紹自己的產品及相關服務內容；並進一步地面對面做意見溝通，來說服該地區之旅遊總經銷商、旅行社、旅運公司、票務中心、訂房中心等相關業者，俾使列入預訂的套裝行程中。

(四)套裝旅遊商品開發與異業合作

◆套裝旅遊商品開發

　　目前台灣多數業者多會與異業合作開發套裝旅遊商品，如台灣民俗村行銷部與同業的日月潭中信大飯店合作推出套裝旅遊商品，內容為三天兩夜，其中一夜住宿日月潭，隔日夜宿台灣民俗村的嘯月山莊度假飯店，並附送多項服務商品與優惠措施。

◆異業合作

　　旅館業者為擴展其服務商品的附加價值、強化企業整體形象、培養顧客忠誠度、擴大市場行銷面，及較易於達成行銷目標為目的。因此，業者可以與銀行業共同推出「聯名卡」信用卡；與保險公司合作提供附加意外險；與航空公司合作住宿搭配來回機票；也可以與服飾精品、婚紗攝影、百貨業、旅行業、航空業、租車業者等不同消費性的服務業結合起來，共同設計套裝服務商品。

(五)參加國內外專業性組織、協會及旅展

　　餐旅業者為開展業務，在經費許可之下，到新開發業務的城市或地區，舉行記者招待會或展示會外，還可以透過餐飲業、旅館業同業公會，或台灣觀光協會，或自行參加國內外專業性組織所舉辦的全國或國際性旅遊展覽等相關推廣活動，國內相關展覽推廣活動諸如中華美食展、台北國際旅展等；國際上則可參加觀光相關發展或協調性組織的年會或活動展覽，諸如亞太旅行協會（PATA）、美洲旅遊協會（ASTA）等。

◆國內展覽與特別活動

1. 台北中華美食節（Taipei Chinese Food Festival）從1990年開始由台灣觀光協會為主要籌備單位，結合相關產官機構與社團舉辦之特別活動，年年以不同菜餚主題由參展餐廳及旅館，設計與烹調各具創意特色附加視覺之美的饗宴展示，並有各種動態和靜態展示，以及職業與業餘廚藝競賽等活動，該美食節展覽活動已經漸漸打開世界知名度。

2. 台北國際旅展（Taipei International Travel Fair, TITF）於1987年開始隔年舉辦一次，也是由台灣觀光協會為主要籌備單位，結合相關產官機構與社團舉辦之特別活動，已經成為國內外相關產業界及各國觀光推廣機構旅遊交易與相關產品展示推廣的重要宣傳活動。該國際性旅展活動自2000年起，年年舉辦以便更加積極地推廣台灣地區觀光與國際觀光活動的交流。

◆國際展覽與特別活動

1. 亞太旅行協會（Pacific Asia Travel Association, PATA）為一區域性組織，於1952年成立，由跨太平洋兩岸區域內多國官方及民間觀光相關機構組織、陸海空運輸服務業、旅行業、旅館業、訂房代理中心與相關宣傳推廣團體所組織而成，我國以中華民國身分於1957年入會。每年皆分區舉辦各種研討會、交易會、展覽會等活動，並以分會別易地輪流舉辦年會活動，曾於1968年在我國舉辦。

2. 美洲旅遊協會（American Society of Travel Agents, ASTA）為一區域性組織，於1931年成立，由全世界主要的旅行業與餐旅觀光相關業者組成，我國分會以中華民國身分於1979年成立（賴文仁，2002）。

高齡者休閒進香旅遊

　　今天是我第一次跟家庭的長輩參加高齡者的進香團，其實主要目的是陪伴高齡九十歲的父親。我想父親已經九十歲，他還意願參加進香團，到台灣的各寺廟走走，我覺得很棒，於是想把握機會多陪陪爸爸。早上五點半起床，六點準時至公園附近的集合地點，爸爸、哥哥及嫂嫂們也都很準時，此時路旁已經停靠好十部大型遊覽車，每部車估計約可乘坐四十位進香遊客，故至少有四百人！因為有這麼多人，根據以前帶學生校外教學或辦活動的經驗，本想六點集合大概要delay半小時，沒想到讓我驚訝的是六點一到，所有的高齡進香者全部準時坐在車上，車子一部接著一部往中南部的廟宇出發。

　　這些進香的長者年齡大約在六十至八十歲以上，但他們都很有活力，參加進香團是他們很重要的休閒活動。這些長者中有很多人是獨居，沒有跟兒女住在一起，因為兒女事業有成，可能在外縣市或者在國外工作。因此，他們很羨慕我爸爸還有小孩陪伴參加活動，而我自己也很珍惜還能有機會陪伴父親，也感恩爸爸還能有體力參加戶外活動。

　　在活動過程中，這些長者一直稱讚我很孝順。此時，我看著窗外的風景腦袋卻思考著——因時代的快速變遷、社會的進步，目前已從傳統多子多孫多福氣的農業社會，發展為生活步調快速且繁忙的工商社會，使得未來不管是否有小孩，自己還是必須獨立，真的不能再像以前的觀念——「養兒防老」，此觀念可能需要修正了！再者，國人的結婚率與生育率不斷下降，在經濟的壓下，許多年輕

人不願再生小孩，也愈來愈晚婚，使得台灣今天已成為全世界生育率最低的國家。面臨人口結構的改變，加上醫療資訊的普及，使得國人的平均壽命越來越長。從今天在車上的進香長者就可以看得出來，他們的身體都很健康才能來參加進香團活動。

1946年到1965年之間出生的二次戰後嬰兒潮，目前正是台灣社會的中堅菁英份子，也是所得收入最高的年齡層，根據推算，在台灣社會福利與退休金制度日趨完備，以及提早退休的風氣之下，在未來的五至十年當中，這群所得最高的嬰兒潮世代，將漸漸離開原有的工作，以過去工作所奠定的雄厚經濟能力，開始投入老年人的消費市場，包括健康養生、休閒旅遊等，為市場帶來另一波新的商機。高齡化社會已經是台灣社會萬難抵擋的趨勢，故餐旅業者應該更重視高齡者之休閒活動行銷。在這次進香活動中，我本想應該是住在廟宇內的香客大樓，因為這是進香團；但事實上並非如此，我們住在嘉義的耐斯王子飯店、台中的福華飯店等，我們的餐點跟住宿都很棒呢！除了至廟宇參拜以外，還安排參加各個旅遊景點，如天空之橋、酒莊、古坑咖啡及鄉鎮各地方之文化古蹟等。而讓我傻眼的是這些進香團長者的購買能力很強呢！各種大小酒、咖啡、太陽餅、筍絲等，大包小包一直買，而我就負責幫他們把戰利品提上遊覽車。回程中我發現遊覽車內擠得滿滿的，空間變小了，深感觀光消費能力真是不容小覷。記得以前唸書時老師曾說過一個國人至國外觀光時的順口溜——「上車睡覺，下車尿尿，進shopping買藥，回飯店比價，錢花光光，為國爭光」。雖說國內進香團並非出國觀光，但有些情形還蠻像的，在遊覽車上，他們盡情唱歌，下車真的尿尿，或許沒有將錢花光光，但這樣的購買能力，相信也能促進貨幣流通，對台灣經濟發揮一定的幫助。這次的活動讓我感觸深

刻——餐旅業者應該努力開發規劃高齡者的觀光休閒活動，對餐旅
業行銷者而言，這是一個很重要的議題！

第三章

餐旅行銷組合（一）
——產品、價格、推廣、通路

- 餐旅業產品
- 餐旅業定價
- 餐旅業推廣
- 餐旅業通路
- 個案分享

　　一個成功的行銷應藉由美麗的人事物及高科技的方式，讓其產品及服務創造吸引力，並且透過行銷的活動宣傳，引起客人的興趣，使客人有渴望消費的意念。行銷始於公司理念與企業哲學，而且公司理念與企業哲學不該僅是空談而已，必須付諸實行。其目的是爲了創造交易，使買賣雙方都心甘情願地拿出有價值的事物來進行交換。行銷的交易是爲了滿足個人與組織的目標，因爲各種行銷活動所產生出的交易，可以帶來滿足個人或組織的有價值事物，進而滿足其目標。就餐旅業而言，市場行銷和業務銷售的推行方向，將會決定這家公司是否能成功。簡單的說，行銷即是去發掘潛在客戶他們眞正的需要與需求，而銷售是提供良好的服務將產品賣給客人，以滿足客人的慾望，讓生意順利成交，取得實質的金錢。因爲沒有顧客就沒有生意可言；無論前場或後場的第一線工作人員以及其他所有的相關人員是多麼的優秀，也都無用武之地！

　　行銷觀念發展的重要概念，餐旅產業經營的成敗，行銷組合的選擇與運用占了相當大的比例，主事者在對於市場評估過後即做市場行銷戰略，向特定的目標客層以特定的價格（price）、通路（place）、促銷方式（promotion）、銷售特定產品（product）、訓練專業人才（people）、規劃吸引人的活動（programming）、合作關係（partnership）、包裝配套（package），依市場之需求，設計、組合最實質有效之可銷售產品，提供的各種從有形到無形的必要服務。Morrison和Kendall（1992）將行銷組合分成8P，以符合餐旅服務產業的需要，分別爲產品（product）、推廣（promotion）、定價（pricing）、通路（place）、人員（people）、套裝組合（packaging）、企劃（program）及合夥（partnership）等行銷方式。本章首先介紹餐旅產品和服務，進而瞭解餐旅業之定價決策、餐旅業之推廣及餐旅業之通路決策，最後是個案分享。第四章則是介紹人員、套裝組合、專案行銷及異業結盟等另四種行銷方式。

第一節　餐旅業產品

一、餐旅業產品之內容

　　餐旅產業所銷售的「產品」，不僅僅是包括有形的產品，正因服務業的特性之一包含了無形性，故銷售的產品同時也包含了無形的服務。產品和服務是顧客從餐旅服務業中體會到、感受到的組合，當顧客前往餐廳或旅館消費時，他們已經購買了包含餐飲、住宿、接待服務、設施環境的體驗感受及遊樂活動的提供，但必須先瞭解顧客所想要購買的產品，並將之實際化，以利業者進行訂定適合的產品與服務。任何產品皆有其產品生命週期（product life cycle），如同人類的成長一般，歷經出生、成長與衰老等生命歷程。例如像是早期的迪斯可舞廳，一開始的成長率急速成長，但之後市場逐漸成熟飽和，進而衰退，現在取而代之的是「夜店」、Lounge Bar等（鄭建瑋，2004）。

二、餐旅業產品之要素

　　Lazer和Layton（1999）將餐旅業產品要素分為五種層次：核心產品（core product）、基本產品（basic product）、期望產品（expected product）、延伸產品（augmented product）及潛在產品（potential product），舉例如下：

(一)核心產品——主題

在餐旅產業中核心產品就是提供顧客產品的主要功能，也就是消費者真正想買的東西。

(二)基本產品——行程、節目、服務

指的是產品的基本型態，此時行銷人員必須將核心產品轉換成一般產品，例如：一個套裝旅遊行程、一個跨年晚會。

(三)期望產品

指買方購買產品時，預期可得到的一組屬性和狀態，例如：進行清貧旅遊者除了休閒旅遊之外，可能還存在有壓力放鬆、心理治療之屬性。

(四)延伸產品——額外的利益、售後服務

從管理的觀點來看，核心產品為企業提供焦點，也就是萬事的起頭。延伸產品包含了便利性、氣氛、顧客和服務提供者的互動及顧客參與，以及顧客彼此之間的互動，這些要素結合核心、輔助產品及支援產品後就成為延伸產品。延伸產品是很重要的概念，因為飯店和旅遊業需要和顧客共同生產這項服務。大部分的產品都是透過服務遞送系統銷售給顧客，例如：顧客至餐廳點餐、看菜單、點菜、瞭解如何品嚐這道菜；同時顧客也必須和工作人員有所互動，由於顧客會參與服務，所以氛圍會是餐旅產業最重要的部分，延伸產品所掌握的正是顧客參與服務時，必須要管理的關鍵因素（楊明青、尹駿，2006）。

(五)潛在產品

　　產品在未來可發展的任何擴增和轉型的利益，例如：休閒運動俱樂部可能朝向競技發展；休閒農場可能會發展為觀光、住宿、餐飲與社交活動功能屬性（吳松齡，2009）。

第二節　餐旅業定價

　　「定價」為行銷中重要環節之一，如定價太低利潤變差，定價太高市場競爭力降低，如何訂定一個好的價格，或是建立一個優質定價策略為一重要議題。價格也成為了企業在競爭市場中，為了提高或維持銷售額的一個銷售策略手段。對於餐旅業者而言，與其千方百計的節省成本，不如重新思考定價策略，進而輕鬆的獲取利潤。不過，實際情況卻不全然是這樣，經濟學上有提到「價格越高，銷售量越低」，在有競爭者的情況下，業者和競爭者產品的價格都會影響到銷售量，銷售量又會影響到成本，導致總利潤的下滑，這是定價策略必須要有的認知（黃士恆，2008）。

　　黃俊英（2002）提到價格的訂定並沒有一個普遍應用的公式，一般會先確定定價目標，考量影響價格的因素，配合廠商資源條件，再根據經驗與判斷，訂定一個合適的價格，並隨時因應內部與外部環境的改變，適時調整價格。成本是決定價格因素中最重要的一項內部因素。而外在因素方面，消費者需求所形成的市場，以及競爭者的服務品質與產品價格，會影響價格的擬訂。消費者在選擇去哪一家進行消費時，自然而然地會將有幾家供應同類產品的廳館，其所提供的商品內容及其價格，與消費者本身從其中所能夠獲得的代價及滿足感之間，尋求一個均衡點，這也意味頗能符合經濟

學的市場供需均衡原理。另外，也要時時瞭解與掌握同業競爭者所推出的商品內容與價格，適時地調整商品價格與因應價位，才有價格競爭力。這是業者與行銷人員在進行定價時，所必須要瞭解同業相同商品的價格動態，以及考慮消費市場供給與需求間之內外在因素的關係。

一、定價策略

有良好的產品後，接著要考慮定價策略，有適當的定價策略才能為企業帶來最大的利潤，同時也比較能有效率的掌控營運。目前產品很多元化，但其產品間的差異性不是很大，再者，顧客喜新厭舊、產品求新應變，因此，同業競爭激烈，故如何爭取消費者的注意呢？顧客為什麼要購買您的產品？定價的高低可以為顧客的購買決策提供有利的參考依據。定價的策略是既微妙又藝術且頗為複雜的事，以下就以旅館、餐廳為例，說明定價應注意事項（賴文仁，2002）。

(一)旅館定價注意事項

以旅館來說，由於產品及服務的項目與其內容包羅萬象；一方面，現今旅館建築及其內部裝修工程經費並不是以客房為主，其他營利性功能附屬設備增加；由於餐飲營業收入已超過總營業額半數，業主頗為重視餐館設計風格獨特化，使得各項硬體成本很難區分。是故，客房方面，由於房間定價已經在開幕之前，依據本身營業廳館土地與建築裝潢的租／建成本、附帶人力物力固定及變動成本，以及整體行銷的策略而定；另外，也要將競爭者、消費者的因素，以及當時的主客觀環境變數考慮進去。

(二)餐廳定價注意事項

在餐廳方面，各式料理餐廳菜單的各項定價，是由主廚將供應膳食產品的材料成本算出，再會同餐廳經理擬訂價格，經由餐飲部門主管決定，呈報總經理核可。而在餐飲客房促銷定價方面，則由行銷人員在擬訂促銷及餐飲活動企劃時，事先與相關營業部門的執行人員、廚師、主管會商後，提出企劃案呈報行銷部門主管，經由主管會議討論達成共識，總經理最後裁決而定。

二、定價策略的依據

擬訂定價策略時可以顧客為導向分為「價格因素」及「非價格因素」，說明如下：

(一)價格因素

善用顧客期待心理，擬訂數字遊戲手法，揣摩消費者在選購商品或服務時，對於價格所呈現出來的數字之敏感度以及反應心態，來掌握消費者願意支付的價格，使所擬訂的價格能夠討好消費者對其數字之認可，並刺激消費者的購買意願。

(二)非價格因素

是以非價格因素的措施來影響消費者的認知，使其對該商品的偏好度提高，並建立在顧客心目中獨特的地位，而價格依顧客對業者所供商品的價值感來做決定與調整。非價格因素措施包括改進服務品質、增加服務項目、活用廣告形象、改善廳館陳設、善用會員制度、提供額外贈品等做法。是故，以非價格因素措施的做法，不

僅不提高價格，而能讓顧客有一種得到附加價值的感受，站在顧客的立場是有利的，消費市場的需求因此可能提高。

# 第三節　餐旅業推廣

　　由於旅館商品之無法移動及儲存，因此事前行銷計畫需詳述如何運用推廣組合，如廣告、人員銷售、銷售促進、展銷，以及公共關係與公共報導等技巧。這些技巧都彼此相關，因此計畫中必須確定每種方法都能與其他方法產生互補之功用，而非相互掣肘。促銷通常在行銷預算中占最大之比例，而且也會高度地使用到外界的顧問人員及專業人員。因此，它必須經過鉅細靡遺的規劃，並以成本、責任以及時機為主要的考量重點。

　　推廣是增強、支援並使推廣組合中的其他成分更為有效的工具，它可以激勵銷售人員與經銷商努力對產品做推銷，並鼓勵消費者進而購買。推廣通常是一種短期的直接誘因，目的是在於刺激消費者的興趣，進而試用與購買產品。此外，在高度品牌相似的市場上，推廣可在短期中產生高度的銷售反應，但要獲得長期的市占率則較為困難；而在高品牌差異的市場上，推廣卻可以較長期的改變市場占有率。

　　觀光餐旅業者對於推廣技巧的使用非常普遍，尤其在旅遊淡季時，業者經常會推出特別優惠方案的促銷方式，推廣之所以經常被採用的原因是廣告支出的費用較為昂貴，而且推廣的效果也比廣告效果更容易衡量。以下將介紹餐旅業推廣的工具及銷售的技巧，說明如下：

一、餐旅業推廣的工具

餐旅行銷管理人員必須在特定的行銷場合中，採取何種推廣工具，如廣告傳播（advertisement）、折價券（coupon）、贈品（premium）、樣品（sample）、抽獎與競賽（prize and contest）、價格折扣（discount）、購買點展示（point-of-purchase display）及公共關係（public relation）等，說明如下（曹勝雄，2001）：

(一)廣告傳播

廣告可以協助企業創造需求、開發市場及擴大銷售量。廣告目的可能是告訴市場有關一項新產品，使顧客對公司產品或服務產生興趣。

1.報紙廣告：如報章雜誌廣告。
2.店頭廣告：布置於店面內外之海報、招牌的平面POP及立體輔助性POP。
3.電台廣告：廣播廣告選擇在諸如台北國際社區廣播電台（ICRT）、飛碟電台（UFO）之全國性聯播網電台；或是地方電台，如KISS高雄台。
4.電視廣告：如針對全國性速食消費市場，主要播企業形象，次要播新產品或新推廣廣告片。

(二)折價券

折價券是最為普遍的推廣工具之一，它是指提供持有此折價券的消費者在購買特定產品時，享有折價券上所列示的折扣優惠，主

要是針對價格較為敏感的消費者。贈送折價券給消費者的方式包括透過媒體（如夾在報章雜誌內頁）、直接郵寄、附在產品包裝內、在購買地點發送等，現在還有一些折價券是透過網際網路、電子郵件，以及手機來發放，稱之為電子折價券（E-coupon）。但折價券需在推廣期間內（或活動開始前），到達消費者手中，才能達到刺激消費者購買產品的目的。

折價券是鼓勵消費者去嘗試或購買產品最立即、直接的方式，進而增加產品的銷售量，並吸引消費者重複購買產品。折價券的好處是可以回饋現在的產品消費者，找回以前的消費者，並鼓勵大量購買產品，但壞處是大量使用折價券的情況下，常常會使得公司產品品質受到影響，此外，有些折價券比較有可能吸引常客重購產品，而不是去吸引非使用者來嘗試此品牌，對開發新客源來說，這些折價券並沒有發揮其功效。

目前折價券已普遍用於各大餐旅行業，幾乎每一家餐飲業者、旅行社及飯店業皆會發送各式各樣的折價券，主要目的是為了想要吸引更多的消費者前來購買產品。

(三)贈品

當消費者購買了某一特定商品後，獲得廠商免費提供的「有形物品」，都可稱之為「贈品」，例如：速食業者隨餐附贈小玩具；旅行社附贈旅行袋或背包；旅館業者推出住宿滿三天送一天，或是贈送午晚餐、餐廳免費贈送水果或飲料；對航空公司來說，為頭等艙的顧客提供機場接送服務等，這些皆屬於餐旅業者對顧客所做出的額外免費贈送服務。但贈品的適當性對於促銷成功與否，極為關鍵，贈品必須符合目標顧客的需要，並符合產品品牌之形象。

(四)樣品

　　樣品可定義為免費贈送的產品或服務，同時它也是提供消費者免費使用的試用品。樣品的派送方式為郵寄、路上發放等方式。

(五)抽獎與競賽

　　Kotler認為抽獎係提供消費者購買某產品便有獲得現金、旅遊或商品的機會；競賽指凡是消費者為了想得到廠商舉辦活動提供的某些獎品、現金等，因此展現出個人才華、技巧、特殊能力來擊敗其他參賽者的方式。抽獎及競賽等類型的促銷方式，往往就是為了提高廠商的知名度，使得整個促銷活動與店家形象得以統一。

(六)價格折扣

　　價格上的折扣通常可以明顯地提高產品的銷售量，餐旅業者經常配合週年慶實施打折推廣活動，並於淡季期間彈性調整價格或推出優惠方案，例如：自然災害過後，觀光業遭受影響，業者紛紛祭出價格調降優惠方案，以吸引消費者回籠。

(六)購買點展示

　　購買點展示是一項安置於廠商所在地點，用來誘發人潮、告知產品或促進購買動機的推廣性展示。因為服務的無形性，使得觀光產品只能針對實體有形的部分來展示。店頭展示包括擺設在牆壁、貨架、手提袋、通道兩旁與地板上的展示品，以及運用結帳處的電視終端機、店內的廣播訊息與視聽等媒介來推廣或展示其產品。

(七)公共關係

良好的公共關係可以協助組織建立產品或品牌良好形象,增加市場的競爭能力,且公共關係的運用花費不多,運作良好者,則廣告效果佳。

二、餐旅業推廣之銷售技巧

以下說明向上銷售的技巧。向上銷售的技巧是很常見的推銷技巧,主要包括下列三大項,茲說明如下:

(一)價錢提高一點點〔add-up〕

此處所指技巧在於讓客人在原有的產品上,再加一點點錢便可購買到更好的產品,當然操作時有下列幾項重點需注意:

1.提供一個更合適的產品給客人。
2.只要陳述再多一點價錢便可有更高的享受。
3.不要陳述總價錢。
4.只要告訴客人再增加的金額數目。

例如:當客人有訂了一間一般的房間,當他來到櫃檯準備C/I時,由於這位客人感覺起來像商務客,此時服務人員便可詢問客人:(1)是否願意加一點錢更換比原訂房更適合的房間,並且描述之;(2)若換住該房間只要比原來的房價再加一點點便可以得到更高級的享受;(3)不要將總價錢告訴客人以免客人會感覺很貴;(4)服務人員所要做的是告訴客人再增加的金額數目,客人不會一下子被那多出來的一大筆錢嚇到而打退堂鼓。而為什麼只用增加的一點點金

額而不談總數呢？因爲只用多出來增加的金額來告知客人，會使客人感覺房間沒那麼貴。

(二)從價錢高的開始賣起（top-down）

剛開始提供高一點價格的產品，並且描述優點及特色。

1. 詢問客人購買的意願。
2. 若客人拒絕所提的建議，提供次一級較便宜的產品，直到客人滿意爲止。

當遇到walk in的客人時，使用此方法特別有效，因爲一般walk in客人或許要的是最好的房間，此時我們就可以把最貴的房間先賣，此外，第一個建議通常會讓人感覺那是最好的建議。依客人習性，通常在服務人員描述到第三個建議之前，便會有所決定。

(三)供選擇性的（alternative）

1. 提供低、中、高三種不同價格的產品供客人選擇。
2. 描述各項產品的特色。
3. 詢問客人的期望。

當服務人員提出不同項目供選擇時，會讓客人覺得一切都在自己的控制之中，並不是在服務人員猛力的推銷之下做的選擇，而且通常客人都會選擇中間價錢的產品居多。

第四節　餐旅業通路

　　行銷通路是一套將產品從生產者移轉到消費者或工業用戶，共同運作且互賴的組織網絡體系。在餐旅業具有不可移動的特性，因此通路為旅館經營的行銷重點，所以在旅館興建之初即應對立地條件詳細評估調查，包括其周遭環境、商圈狀況、地理特性、顧客來源等因素。另外，如何與其他互補團體共同運作也是其行銷重點之一，這些互補團體包括旅遊業、運輸業等。例如：「經（體）驗」是不需要裝運和儲藏的，資訊交換改用電子傳送而不採用實體通路的比例也漸漸增加。通路成員（channel members）又稱為中間商（intermediaries），在行銷產品或服務的同時，與實體流程、所有權流程、推廣流程和情報流程有關的所有行銷中間機構。

　　餐旅業在制訂各項行銷活動的時候，一旦定位好它的市場及對象後，便可開始藉由行銷及公關的方式將產品或服務告知社會大眾，刺激消費者購買或體驗的慾望，吸引他們前來消費。常用的行銷方式有網路、印刷及電台與電視媒體、服務行銷等，茲說明如下：

一、網路行銷

　　網路行銷是另外一個社會，在網路世界裡，有一套屬於這個世界的文化模式與行為方式。唯有掌握網路文化，網路行銷才能克盡其功！網路文化與網路技術的一些特色，讓網路廣告彌補了一般媒體廣告的不足，甚至在某些方面表現得比一般媒體廣告還出色。因為它有以下的特點，簡述如下：

(一)即時

網路廣告內容可以隨時修改與更新，提供使用者最及時的資訊。

(二)互動

網路的互動，回饋的特性，使流通的資訊變得有生命，提高了網路使用者的參與度，也大幅提高了網路廣告的效果。消費者不但可在網路上觀看旅館的實體設施，包括各式的房間、餐廳、休閒設施設備等，還可360度自由旋轉瀏覽房間或餐廳的整體環境。對於消費者而言，這樣的廣告方式不但具有吸引力且較具真實性。

(三)沒有時間限制

網路一天二十四小時，一年三百六十五天都在運轉，換言之，網路廣告是全年無休刊登在網路上，隨時可以被查閱，而且消費者愛看多久就看多久，沒有時間的限制，這又是電視廣告沒有的利基！

(四)沒有空間的限制

透過超連結，促使旅館不僅可以在自己的旅館網站上傳達廣告訊息外，還可在各大入口網站或旅遊網站刊登廣告，藉由連結的特性，使得消費者連結到旅館網頁後，可以馬上進一步瞭解旅館的特色及各項優惠，進而直接在網路上進行訂房程序。在這裡沒有版面的限制，可以將商品或企業資訊完整地呈現給消費者，這就和平面廣告大大不同了！

二、印刷及電台與電視媒體

印刷媒體會有大量廣告的原因，是因為它允許消費者可保留廣告資料，方便讀者日後要消費時可作為參考；另一方面，也因為平面印刷可刊登折價券，刺激讀者實際去消費，同時也可讓餐旅業者來衡量廣告的效力（吳勉勤，2006）。

(一)派報

印製DM或面紙廣告，透過派報員或自家員工發送，讓消費者能第一手拿到廣告訊息，尤其適用剛開幕的旅館。

(二)雜誌

雜誌像報紙一樣提供了傳遞詳細廣告訊息的機會。有不少的旅館選用國內外雜誌來刊登廣告，特別是旅遊或餐旅館方面專業性的雜誌最為看好。

(三)報紙

由於報紙發行的數量、範圍及其讀者的身分通常都會有統計資料，且可在極短的時間內傳遞給對象，因此媒體傳遞對象的數量及成效通常都可以查知。

(四)郵寄

採用郵寄方式傳遞廣告訊息的最大優點是有選擇性的，可以傳給自己所選擇的對象。好處是個人化、較富彈性且便於控制，並且

可以附上個人名片、小冊或樣品。

(五)媒體廣告

電台廣告──在輕鬆娛樂性中帶有行銷傳播溝通訊息，並力求簡單扼要，目的直接而清晰。

(六)電視廣告

對於全國性、連鎖性的餐旅業而言，在行銷活動執行之前及活動期間，廣告選購時段要專一時效性、集中又密集地重複播放，可在短時間內快速「灌輸」進入潛在消費者腦海當中，並可創造產品價值感。

三、服務行銷

旅館業所提供之服務不僅包括提供使顧客感到舒適的裝潢與硬體設備，更須藉由人（員工）的服務行為或態度來滿足顧客之需求。服務人員服務態度的良窳將直接影響顧客對飯店的整體滿意度。服務人員為站在旅館的最前線，是顧客最先與最後接觸的人員，深深的影響服務行銷的效果。要成功的行銷一個服務產品，就必須成功地實施內部行銷。旅館必須對自己的員工行銷，甚至對未來可能的員工行銷，而且就像競爭外面顧客。服務行銷包括三部分：內部行銷（internal marketing）、外部行銷（external marketing）與互動行銷（interactive marketing），以下做進一步說明。

(一)內部行銷

是指公司管理當局發起一種類似行銷的途徑激勵員工，使他

們具有服務意識與顧客導向，而這些類似行銷的活動應是主動而有協調的，也就是透過工作產品（job-product）滿足員工需求，以吸引、開發、激勵、留住優秀的員工；內部行銷就是善待員工如同善待顧客的哲學。旅館對待員工該由一開始提供「僱用」（employment），逐漸進步至「獎勵」（encouragement），再者「授權」（empowerment），甚至最後促使員工創新（innovation），這應是內部行銷的最高境界。

(二)外部行銷

指的是一般常講的各種企業行銷行為，例如各種行銷研究與市場區隔的探討，發掘市場上消費者未被滿足的需求，確定目標市場，決定各項產品決策、通路決策、溝通決策，並以適當的組織安排，來執行既定的行銷策略。就這些行銷活動而言，行銷可以是一個無形的服務及行銷一個有形的產品，在品質上是相同的。但在服務業行銷中，企業的外部行銷通常是透過大眾傳播媒體，嘗試著將無形服務有形化，而給予消費大眾一些期望與承諾。

(三)互動行銷

指的是第一線的服務人員，從顧客的觀點出發，將公司的服務提供給顧客的互動行為。旅館的服務人員和顧客有良好、友善、高品質的互動，才是真正優良的服務。因為大多數的服務，是透過旅館的員工來提供。服務品質最重要的關鍵在於提供服務者與顧客間的直接互動，因為在接受服務之前，顧客只能期待（預期），而服務提供者與顧客間的互動，則是「真實的時刻」（moments of truth）發生的所在。換言之，旅館業者的真實面目在這個時刻顧客才能瞭解與體驗。

免費或低價行銷無時無刻就在你身邊

　　這週是我回台陪爸爸的日子，我一大早就起床，六點準時從台中出發，自從五年前媽媽過世，我幾乎每兩個禮拜的六日就回台北陪爸爸聊天、吃飯。由於我已經很習慣每次回台北開車途中會聽古箏演奏，因為本人目前努力學彈古箏。但今天卻忘了將新的古箏CD拿去車上，所以就只能聽廣播節目囉！聽到中華電信提供它特定用戶免費使用WiFi，遠傳用戶網內互打通通免費，不限時間及次數。當下我在車子內就想：「以前打是打折，現在則是免費」，所謂「殺頭的生意有人做，賠錢的生意沒人做」，我腦袋閃過「那麼廠商怎麼經營呢？一定有陷阱！」

　　回到家，跟爸爸問候後，我將手提行李放於房間內，我發現今天我的姪兒怎麼會在家裡呢？因為以前他假日都會去約會呢！我跟他say hello，但他似乎很忙，不怎麼理我，原來他在玩線上遊戲，他邀請我一起玩，我說我又不是會員，而且我也不願意花錢，他回答我說「姑姑這是不用錢的啦」，我心想怎麼可能，如果不收費那game產業如何經營呢？剛才在車子裡的問題又再次浮現我腦海中？我也沒多說，轉身去廚房切水果跟爸爸分享。過一陣子，姪兒跑來跟我借錢，因為他碰到關鍵時刻需要寶劍，搞了半天原來是虛擬道具──寶劍。

　　中餐陪爸爸在餐廳用餐，電視節目的主持人分享在日本東京有一家商店店名為Sample Lab（樣本實驗室），這店提供年輕人可以任拿五種免費試用的遊戲卡，而每一款免費樣本其賣價約為新台幣150元左右，節目的主持人報導這家Sample Lab雖免費提供遊戲卡，

但主要是商店跟遊戲廠商收取費用，亦即為跟第三者廠商收取廣告費，此外，店家還要求索取免費遊戲卡的人填寫問卷，只要填寫相關的問卷，就可以獲得免費五種遊戲卡呢！

趁著爸爸午休睡覺時，我跟以前旅館系畢業的學生們約在咖啡廳喝咖啡及聊聊近況，學生提到想要出國玩，因為她們認為我以前曾經在旅行社工作帶團過，或許比較瞭解。其實我雖然二十年前曾在旅行社工作過，但旅遊市場變化很快，她們說因為以前是學旅館管理，對如何去住合理的旅館比較有概念，不過她們最想知道的是如何買到最合理價格的機票，如以比較合理的價格上網購買機票等。

於是我分享了一家便宜的機票Ryanair的搭機情形，我一到搭機處看到滿山滿谷的乘客，可能是因為它的機票很便宜，所以乘客很多。我從倫敦飛至西班牙的巴賽隆納，機票才20美元，但行李只能帶一件，限定10公斤還有規定size大小，而筆電和女生的隨身包包都是一件，因為我的行李有點過重，在機場大庭廣眾下打開行李做取捨性的整理，不然罰款是很貴的，如果加一件行李託運費用為美金15元，如果口渴要喝水，水一瓶3.5美金等。此外，Ryanair為了多搭載一些乘客，故椅背無法往後靠，如果是長程飛行，可能會很辛苦，而緊急逃生圖就印在前方椅背上，連紙張印刷費都省，飛機上沒有免費的娛樂，但可以購買耳機聽音樂。

同學聽了說這簡直是變相收費，我想這是行銷的手法，因此強烈建議同學在購買網路機票時一定要將相關的規定看清楚，否則屆時可能跟原先的期待會有落差，我歸納以下幾點供同學參考：

1.網路訂票時，一定要看清楚規定，雖然那些規定真的是落落長，但若沒看，違反規定被罰會很重，故一定要仔細看清楚規定。

2.因為機票很便宜，所以各種機票更改都會變成一筆不小的費用，所以在訂機票時行程要考慮清楚，且填寫資料時要小心，多檢查一遍，以免寫錯要更改呢！

3.搭機前一定要記得先online check in，登機證要印出來，不然若現場印登機證，費用很貴，你可能會感到心痛。建議在訂票時可以設定e-mail提醒功能，以免忘記做check in。

4.託運行李記得加購，現場買超貴，手提行李一件，而且只能帶一件。包括登機箱、手提包、NB（筆電）加在一起只能一件，而且有體積和重量的限制。

5.廉價航空雖然機票很便宜，但額外產生的費用也是成本之一。例如，很多城市的機場位置在偏遠地方，需要另外搭接駁車或計程車，記得把這些額外的交通費考量進去！

6.飛機上沒有免費的水或任何飲料，也不能帶水過安檢，所以通關後記得買瓶水。

由於大多數習慣搭傳統航空享受服務的人，一開始可能會不習慣這種搭飛機的感覺，我第一次初體驗覺得還蠻新鮮的。所以我在倫敦時就不會亂買東西，不然飛至西班牙巴賽隆納的費用可要增加。同學問我現在會不會再搭，我想若短程或許可以，因為費用是單趟計算，來回票也不會比較便宜，行程規劃不必同點進出反而可以自由，安排行程可以更有彈性，蠻適合在歐洲自助旅行使用。

WOW！今天早上從台中出門至今，我發現現今的行銷真的無處不在，免費或低價行銷隨時發生在你身邊，故聰明的你，應該知道行銷的厲害喔！

第四章

餐旅行銷組合（二）
──人員、套裝組合、專案行銷、異業結盟

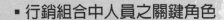

- 行銷組合中人員之關鍵角色
- 餐旅業套裝組合概念
- 餐旅業專案行銷概念
- 餐旅業異業結盟概念
- 個案分享

　　行銷組合主要是幫助企業建立系統化的市場架構。行銷組合中包括了許多的控制變數，藉著這些控制變數來影響市場上的顧客。而這些控制變數包括了：產品或服務本身的優勢、產品或服務的取得便利與否（如銷售地點及銷售的時間）、產品或服務的形象（如促銷方式、價格）等，這些都是對行銷影響極大的控制變數。這些控制變數可能會影響到行銷時的業績，也會影響到行銷的成效，所以對於這些變數要特別加以注意。而此餐旅行銷除了以上的產品、促銷、價格及通路等4P外，根據Morrison和Kendall（1992）將行銷組合分成8P，以符合餐旅服務產業的需要。在前面第三章已經針對餐旅產品、促銷、定價及通路做介紹。本章首先介紹餐旅人員，進而瞭解餐旅業之套裝組合，以及餐旅業之專案行銷決策和餐旅業之異業結盟決策，最後是個案分享。

第一節　行銷組合中人員之關鍵角色

　　隨著消費型態的演變，為了因應市場競爭態勢的消長，行銷觀念勢必要有所改變。由於服務業產能早已超越製造業，服務產品的產生具有不可分割性的特性，消費者與服務業提供者的接觸與互動愈來愈頻繁。在餐旅業的行銷過程中，會有兩種人員出現——「顧客」與「服務人員」，經營「顧客與服務人員的關係」是主要功能之一（王昭正，1999）。餐旅業行銷基本上就是以「人員」為主，餐旅業行銷的成功必須「一次只針對一位顧客」來進行測定。在餐旅的行銷市場中，「人」是核心因素，只有人才能創造並表現出不同特點，餐旅業服務的市場行銷都是與「人」息息相關，餐旅業經營成功與否，主要是看它所僱用的員工及所服務的顧客，組織怎麼樣選擇和對待這兩種人，最終會影響到它的市場行銷結果。本節將

介紹員工與顧客間的關係與餐旅業員工的培訓，說明如下：

一、員工與顧客間的關係

餐旅業是純服務業的一種。因此，服務不僅是服務人員為顧客提供精神上與體力上的勞務之外，也包括顧客所獲得的一種感覺。因此，如何使服務人員以良好的服務態度為顧客服務，以滿足甚至超越顧客的需求，乃是餐旅業服務經營者所特別重視。餐旅業為一典型服務產業，主要特性為服務的提供者（員工）與接受者（顧客）的互動關係密切，而服務態度的發生主要為服務員工與顧客行為面的互動關係上。企業管理大師彼得‧杜拉克認為，「創造顧客」是企業的首要任務；若應用於餐旅業中，我們必須再加上「讓客戶再度光臨」這個目標。「創造顧客」意味著找出客戶所需要的商品或服務。如王品餐飲的理念是凡事要讓客戶滿意，「只款待心中最重要的人」，針對不同的客戶群而開創不同的品牌，以滿足不同消費者的需求，不管是在高單價的王品或是較平較的石二鍋，目標就在於充分提供顧客的需求，甚至超越顧客的期待。

從行銷管理的觀點，使顧客滿意不但可不斷的與舊有顧客建立關係，相較於爭取新顧客，是一種成本較節省的途徑，而且可使舊有顧客有較高的再購傾向，並經由正向的口碑來爭取新顧客。相關研究指出，消費者滿意對行銷者之所以重要的理由是，消費者滿意通常被假定為是重複購買、正向口碑與消費者忠誠的顯著決定因素。Anderson和Sullivan（1993）對瑞典第一百大企業之前三十個產業所作的年度調查顯示，消費者滿意為提升品質、使企業更具競爭力之市場導向氣壓計，可作為建構第一個全國性顧客滿意指標。由上得知，員工與顧客間的關係好壞，將直接影響顧客的滿意度，故餐旅業者應特別重視員工素質良莠，因為他們將是餐旅業的活行銷。

二、員工的培訓

餐旅業都是靠人的事業（people business），沒有人力的規劃及精緻的服務，餐旅業的價值就大為失色。然而，行銷計畫必須含括各種經過妥善規劃、且能夠使這些重要的人力資源獲得最佳運用的方案。對於餐旅產業來說，若要提升其服務品質，則必須將核心力量放到「員工」身上。另一方面，組織也必須進行人力資源管理訓練，即為組織選擇、定位、培訓、激勵、獎勵、保留和授權最好的人員。組織必須一致的要求所有的員工符合有關的行為和外表的規定。故以下將舉餐旅業之旅館業為例，說明餐旅業對於人力資源所面臨的問題，有助於餐旅業人力資源現況瞭解並提供其解決之道，為此，才能有良好的員工，提供優良的服務，滿足顧客，進而達到行銷目的。

(一)餐旅業人力資源管理的問題

根據盧偉斯（1999）研究之結果及與旅館業者訪談結果得知，目前旅館業人力資源管理所面臨的問題如員工流動率高、績效考核的誤差問題、員工參與度低、人力配置問題、服務特性──產品的差異性，以及加強員工語言能力與專業應變能力等問題，說明如下：

◆員工流動率高
由於目前旅館業的人力精簡，服務人員的工作負荷量重，加上員工薪資偏低且又需配合輪班，因此稍一不如意即提出離職；或因目前我國國際觀光旅館的服務人員很多來自於兼職（part-time, PT）員工或學校實習生之故，其結果導致旅館業員工易因薪資不相稱即

提出離職。部門管理問題常傷腦筋於人力不足與高員工流動率，俟假日、節慶旺季更是忙得不可開交。因此，顧客需求就比較容易被忽略；或服務態度的要求較無法達到一定的水準，降低了顧客對員工積極服務與解決問題之滿意度。

◆績效考核的誤差問題

績效設定標準不夠明確，各部門的考核結果無法客觀的比較。且績效考核的結果與年終獎金沒有相關，年終獎金是以齊頭式的方式發放。此外，業務人員的薪資結構，大部分比例為固定薪資，也就是本薪與業績的相關性低，以致業務人員無法積極展現工作態度。新客戶的業績占比較低，業績來源多為長期配合之簽約客戶。

◆員工參與度低（低授權）

集權式的企業文化是由高階主管做成決策後，再下達指示，第一線主管的決策權限較低。在現場遇到顧客異議或抱怨情形時，可能因為旅館制度不健全，如服務人員未得到主管的授權，不能夠及時給予補償。若加上層層稟告之官僚程序，讓顧客等候太久導致更嚴重的抱怨，進而導致高階主管的不高興與責罰。因此員工產生「多一事不如少一事」的做事心態，員工士氣降低，參與度也降低。

◆人力配置問題

淡旺季、平日與假日的住房率差異頗大，以房務部為例，週五晚上入住的客人於週六上午九點至十二點退房後，三點前要將全館房間準備好，以利住客下榻，故二點前要將所有房卡交予櫃檯。短時間內要將所有的房間整理完畢，且符合高標準的品質，若全部編制都以正式員工聘用，將造成人力成本的增加，若採用工讀生（PT）時薪人員，又會有影響服務品質之虞。因此，有效的配置人員

是相當重要的。

◆服務特性──產品的差異性

「顧客永遠是對的」這句話並不是旅館服務的指導原則，僅是一項「基本原則」。亦即對於顧客的要求，在合法與合理的範圍內都必須盡可能滿足顧客，由於每位顧客的文化背景與習慣有所不同，如何在合理的預算內儘量達到滿足顧客之需求。以餐飲為例，相同的食材經過不同師傅的料理，肯定有風味上的差異。所以在一定程度上必須要求標準作業流程（Standard Operation Procedure, SOP），以符合服務的特性。

◆加強員工語言能力與專業應變能力

在旅館作業操作上，遇到突發狀況是在所難免的，但要如何妥善處理，讓顧客滿意，卻是一門極為重要的課題，尤其目前台灣的國際觀光旅館使用大量的兼職服務人員，若遇上這些突發狀況，是否有能力處理；語言方面的溝通與表達能力是否足夠？這些問題實為國際觀光旅館人力訓練部應努力之方向。

(二)餐旅業人力資源管理的解決之道

針對上述問題，餐旅業者如何激發員工積極服務熱情，解決員工流動率高、績效考核的誤差問題、員工參與度低、人力配置問題、服務特性──產品的差異性，以及加強員工語言能力與專業應變能力等，為餐旅業經營者應思考的問題，說明如下：

◆員工流動率高

1.管理人員養成計畫：餐旅業盛行跳槽與挖角的風氣，常由甲公司跳到乙公司再跳回甲公司，結果職位越跳越高。如此，容易影響向心力較高員工的士氣，故如何培養管理人亦為人

力資源部門應注意問題，如員工內部升遷，不用空降部隊等。以下介紹三種有關管理人培訓方法以供參考：

(1)內部人員培訓及晉升：大部分經理人員除了少數專業技能差異性過大者（如公司主體是中式餐廳，但新設的餐飲卻是日式料理）以外聘方式招募，其餘職務可以由公司內部人員晉升，公司可以針對組織的需求設計一套各職等訓練內容、晉升條件等客觀因素，來確保主管及人員的水準可以達到公司的要求。

(2)交換訓練：為加強基層主管對組織各單位的各項專業技能，如有些飯店會要求員工升遷需要懂相關單位的技能，如餐廳主管必須懂基本的廚房或吧檯的技能，以強化其日後管理及對整體餐飲運作能夠更深入。又如房務部主管必須到前檯接受接待訓練，以奠定日後與前檯溝通的基礎。

(3)儲備人員訓練計畫：此訓練應與前面兩項同時進行，除了由內部晉升的途徑外，另開發具有潛力、學歷豐富的新進人員。其主要的目的為有計畫培養具有潛力的優秀人員，更要引進新血內化組織人員的向上心。就人力資源管理的觀點而言，一來可以充實組織的人力資源，再者為有計畫的網羅及訓練可用人才。

2.員工生涯規劃：對於一個停滯未有新事業發展的公司而言，要留住好的人才真的很困難，因為沒有適當的職位讓員工擔任，升遷管道的不暢通就會導致人才的流失，所以亞都麗緻嚴長壽總裁堅持開發顧問公司的原因即在此，藉此方式讓高階職務有流動性。

(1)員工與組織的媒合關係：生涯的發展計畫是員工個人與組織的一種「媒合過程」，此一媒合過程係環繞需求、技能和發展潛能三個面向來進行，如**表4-1**所示。

表4-1　員工與組織的媒合關係

	員工個人	組織
需求	生涯發展需求	發展需求
技能	具備的技能	履行該職務所需的技能
發展潛能	潛能發揮的可能性	組織未來發展的前景

資料來源：盧偉斯（1999）。

(2)員工本身的生涯規劃：
　　‧明確認知自己的興趣與專長：如旅館是否符合自己的興趣。
　　‧學習各種基礎作業的技巧：蘇國垚先生也是從房務員開始做到亞都麗緻的總經理。
　　‧踏穩腳步邁向下一個目標：基層職位的磨練、語文能力、服務的熱忱。
(3)公司對員工的生涯規劃：積極參與人資部門及各部門的訓練課程，申請交換訓練（跨部門）提升相關專業知識，參與儲備人員的養成計畫，爭取進階訓練機會以利主管知識的養成。

　　此外，解決基層員工流動率高之道為加強兼職員工的服務態度訓練及與旅館相關科系學校建立良好的雙向建教合作關係，培養可用且具服務精神的學生，讓學生至飯店就能儘快進入狀況，避免花很長時間在摸索而影響顧客對服務的滿意度。或以人力資源管理為出發點規劃人力，讓組織能擁有適量、適質人才，並適時配置於適當職位，達成組織工作目標。

◆績效考核的誤差問題

　　1.重新設定考核作業程序：使得考核結果與公司、員工的目標

符合。

(1)確認各部門的經營及營業目標，擬定旅館營業目標，每單位應努力達到此目標且定時討論各單位的目標。

(2)建立各單位的標準作業流程（SOP），目前台灣國際觀光旅館的服務標準作業程序，各家大同小異。為確保業者能提供較佳的服務以滿足顧客的需求，本研究建議各旅館應針對來館的主要客源，依各國的顧客喜好不同，訂定其服務標準作業流程（SOP）以滿足其需求，進而增加顧客滿意度。

(3)執行績效評估：先行對實施評估作業的主管作講習，儘量能做到一致性與公平性。

2.調整薪資結構：目前的薪資結構中，員工的薪水是以本薪為主，以業務員為例，若當月達成業績目標，即可領取達標獎金，獎金約是本薪的5％。所以業績的壓力不大，也達不到激勵的效果。在期望理論中的一個變項是「績效—報酬關聯性」：也就是當績效達到一定水準後，獲得預期報酬的可能性。既然績效與報酬無關，付出的努力程度就可能較低。

3.不同工不同酬：公平理論──個人不只關心自己努力所得到的絕對報酬，也會關心自己所得到的報酬與其他人所得到報酬之間的「相對關係」，若付出較多努力的員工所得與付出較少員工所得差異不大，將使得員工心生不滿／不協調的感覺，員工會自行調整至協調的狀態，如調整工作態度或者是離開。

◆員工參與度低

1.充分授權：旅館決策者如果過於集權的傾向，事事都需向上級報告結果，可能造成前場人員不敢負責任，如顧客希望加

一客早餐，尚需請示，此亦造成服務人員的不便。旅館管理者若能充分授權到基層單位，其可使顧客於不滿意或抱怨時獲得補償，進而達到滿意。如櫃檯的服務人員隨時保有兩萬元的決策權力額度，可以用來處理顧客投訴案或其他情況，例如顧客訂房為附一客早餐的房型，前檯人員看見顧客有兩位同住會直接給予客人，致贈第二份早餐的優惠，直接讓顧客感受到「體貼服務、更勝於家」的企業精神。而櫃檯人員也因為得到授權，反而更會思考如何慎用這個額度。

2.構建共同的價值觀：

(1)建立向心力：薪資的給付方式或其高低度雖是員工所重視的，但絕對不是影響員工向心力的最主要因素。飯店的經營理念與價值更為重要。如福朋喜來登飯店的經營理念是「維護Four Points核心價值、為員工創造事業機會、讓客人體會品牌精神」。期待飯店是員工事業目標的旅程，而不是跳板。讓員工透過主管之領導與公司之教育訓練，從工作中學習與成長，建立員工對公司有共同目標、認同感與共識以及使命感之向心力。

(2)熱情與願景：由於旅館業是屬於勞力密集的產業，工作時間不定且工時長，薪資不高，一般人難將其視為終身行業，大多數業者很難甄選到真正具有服務熱忱的員工。蔡蕙如（1994）指出，如何讓員工在職場中擁有快樂，是職場獲取員工的心之不二法門，而飯店若能獲取員工的心，創造一個讓員工滿足的工作環境，員工就能提供好的服務。故旅館管理者應加強員工的遴選，找出具有服務熱忱的員工，營造和樂愉快的工作環境，激勵員工發自內心的服務態度，使員工樂在工作，進而提升員工服務態度。

◆人力配置問題

　　人事費用爲旅館業最大的支出，唯有人盡其才，才能讓每一分錢都不浪費，因此，在做人力配置時需事先妥善計畫出每天每位員工所需負責的工作。小心安排工作時間，並且要提前幾天完成此一表格。當主管能有效率地使用人力配置技巧，就能協助其所屬機構的預算不致超支，並爲員工提供一個更有組織的工作場所，進而使顧客滿意度提高。以下是旅館進行人力配置作業時，通常應考慮的因素：

1. 情報預測：一般預測是以一個月、十天、三天爲預估基礎，可以一個月的預估值來排員工班表，再利用十天及三天的預估值，作爲修訂班表的參考。

2. 人力編制手冊：在人力編制手冊中，應該依飯店服務品質要求的標準去執行。換言之，當一個受過訓練的員工，每週在正確的做事方法下，可達到的工作預期成果，並儘量以量化的數據做分析，作爲單位主管在安排人力時的參考依據。

3. 員工與臨時員工：服務業都會僱用專職員工（full time）和臨時員工，在安排班表時，兩者都須列入考慮，固定員工不論是淡、旺季都須服勤工作，亦即不論顧客人數是多或少，服務人員均須列位以待。

4. 工作時間表：依據到客的尖、離峰時段，將人力作彈性的調整，先將每一個職務一天內所需工作的總時數列出來，配合營業單位的營業起訖時間，將員工的上下班時間交錯安排，亦即切勿將員工的上下班時間安排完全一致。

◆服務特性——產品的差異性

　　旅館業的人事管理作業上之要求程度，會依工作性質及其重要

程度略有差異。依其差異程度區分，具有下列三種特性：

1. 專業性：指具有特殊專長的員工，包括接待員、訂房員、餐飲服務員、會計與財務人員等。
2. 技術性：指具有專業技術的員工，包括工程保養人員、餐飲烹調人員等。
3. 非技術性：指較不需要專業知識的工作人員，如清潔工、做床工、洗衣工、洗碗工、雜工及一般事務性辦事員等。由於旅館業係屬服務性事業，一切皆以提供能讓顧客滿意的服務為主要之目標。顧客在享受舒適的住宿設施、味美的菜餚之外，如能再加強親切的服務提供，必能讓顧客有「賓至如歸」之感，這種無形的附加價值是金錢所無法購得的。

◆加強員工語言能力與專業應變能力

1. 語言能力即為員工重要能力，外語能力應為旅館服務業重要課程之一。因為如果顧客對服務有所抱怨不滿，若服務人員外語能力不佳，只會表達抱歉（just say sorry），將無法瞭解顧客真正抱怨的問題，解決問題，進而彌補顧客不滿，重拾顧客的心。
2. 專業能力係指從事某專門行業之職務，能勝任該職務工作內涵所應具備之能力。在旅館作業操作技巧與技術上，員工的臨場反應能力、突發狀況處理訓練等是極為重要的。因此，旅館管理者可利用角色扮演模擬，訓練員工之臨場反應、解決問題能力，此外，亦應確實做好各項突發事件預防演練，如地震、火災等作業流程。
3. 加強員工國際禮儀之訓練，McColl-Kennedy和White（1997）提及顧客認為員工禮儀為旅館服務人員最基本應具備之條

件，且微笑是服務人員最基本亦為最重要的服務態度，可親
切拉近與顧客之距離。Kriegl（2000）亦指出瞭解國際禮儀是
非常重要之條件。Tas（1983）亦認為員工的專業外表儀容，
為旅館服務人員應重視者。故業者需加強員工國際禮儀、美
姿美儀之訓練及重視員工制服之顏色與材質，以增進顧客對
員工之好感。

　　以上為餐旅業在人員部分的問題，故餐旅行銷人員應瞭解其問
題，解決其問題，優良快樂的服務人員，才能提供優良的服務，此
乃行銷簡單但重要的策略。

第二節　餐旅業套裝組合概念

　　套裝（packaging）也意味著一種行銷導向。它們是在探索過顧
客的需要與慾望之後，再結合各種不同的服務與設施，以達到滿足
這些需要的結果。餐旅業者所提供的相關服務愈精緻愈多樣化，客
人的滿意度就愈高，旅館可以將一系列所提供的產品及服務套裝組
合起來，但卻只收取單一的價格，客人的感受就會完全不同。

　　在餐旅服務業中，套裝產品可解釋為將兩項或兩項以上的旅遊
產品或服務組合在一起，並向消費者提供一個總價。套裝旅遊產品
的範圍很廣，從只包含食、宿的簡單「週末度假」至涵蓋多項服務
內容的套裝旅遊產品，譬如所謂「機票—租車—郵輪」的套裝旅遊
產品，其內容包含了提供航空運輸、汽車租賃、郵輪船艙、餐飲、
娛樂以及其他各種相關服務。在餐旅服務業中，實行套裝產品已成
為一項非常有效且廣為人們所應用的行銷戰略。套裝產品不只是一
種促銷概念，還包括產品定價和瞭解顧客的需求在內，涵蓋了整個

行銷過程中各個階段的工作。雖然套裝產品需要使用廣告、促銷以及銷售等市場行銷工具，但套裝旅遊產品自身也已經成為一種市場行銷工具。

由於多元時代的來臨及消費者至上的觀念開始生根，因此單一價格的產品已經無法滿足廣大消費市場的需求，特色的營造、設計及品質的維護係集客率之必要條件，其支援性之服務設施應隨市場之動向需求予以調整、維護、增加，另外，現代化之資訊設施服務也應盡量可能滿足消費者之需求。如在餐飲業的套裝餐以餐前點＋湯＋主食＋甜點＋飲料。幫助消費者規劃好餐點，可以讓消費者省得動腦，亦可刺激消費者購買動機。又如旅行業常用套裝旅遊（packaged tour），雖然各式各樣的旅遊產品已在市場上流通，但是套裝旅遊產品仍占市場大宗，對套裝旅遊的定義或稱團體包遊（Group Inclusive Tour, GIT），或包裝完備的旅遊（亦稱包辦旅遊，Inclusive Packaged Tour）、團體全備旅遊（Group Inclusive Packaged Tour），簡述如下：

一、團體包遊

團體包遊（GIT），又稱為包辦假期（holiday package），即旅遊代理商或供應商依據各類消費者需求，逕自籌劃安排、設計、生產、行銷的旅遊商品，商品內容包括交通運輸、飲食、住宿、參觀、遊覽、娛樂等軟硬體設施與服務，並對外公開銷售，招攬遊客組成旅行團，前往各地觀光旅遊。

二、包辦旅遊

包辦旅遊，舉凡遊程中不可缺乏之基本要項，例如由出發點到

目的地之機票、各目的地的住宿、地面交通、膳食、參觀活動、專任領隊和地方導遊等，而且這些細節之安排應在團出發前就應安排確定，因此可以說，包辦旅遊是出發前對旅行遊程中必要之各種需求有完善而確實的旅遊服務。

三、團體全備旅遊

　　團體全備旅遊是屬現成的遊程（ready-made tour）類型之代表。而所謂「現成的遊程」是指已經由遊程承攬業（tour operator）安排完善之現成遊程，即可銷售之遊程。旅行業依市場之需求，設計、組合最實質及有效之遊程，其旅行路線、落點、時間、內容及旅行條件均固定，並訂有價格。一般市場銷售以大量生產、大量銷售為原則。

　　例如距離馬尼拉約兩小時車程的San Benito，是個結合醫療與SPA的度假農場，「放鬆、放鬆、再放鬆」就是The Farm at San Benito的最高原則。農場規劃冥想區、瑜伽區、閱讀區及SPA區。有專人指導瑜伽，心靈指導師帶你進入冥想的世界，開放式的空間只見寧靜花園及潺潺流水，自然讓人煩悶盡消。只提供素食，園區種植有機蔬菜，85%不經烹調，以生菜為主，菜色卻毫不單調，兼顧美味與清淡。人在此調養身體，減肥、發呆、冥想。農場建議五至七天調養身體套裝行程或兩天一夜的SPA套裝行程。又如台灣南投鹿谷的小半天，分工合作成立美食組、民宿組、交通組、行程規劃導覽組、整理整頓組、竹藝童玩組、創意組、活動團康組、茶藝音樂組、活動團康組等十組，綿密的分工組織已經照顧到社區特色文化培力、環境美化、特色產業開發與生產、行銷推廣等，成功研發出在地的「竹工藝」。在地的「竹工藝」含竹杯、竹筷、竹碗、竹燈籠、竹籬笆、「竹筒餐」（整根竹子進行料理，搭配各式竹香

入味的菜餚）、「竹音樂」（竹琴、竹笛、竹鼓、竹響板）、「戲竹樂」（竹高蹺、竹筒炮）、「茶葉體驗套裝旅遊行程」、「茶與音樂活動」、「開發茶葉周邊產品」（三杯茶雞、茶飯、茶葉粉蒸肉、茶凍、浴茶湯）。社區積極推廣「民宿」，設置「竹燈籠大道」、辦理「小半天孟宗祭」，搭配整體套裝行程，成功地讓小半天社區從過去可被替代性的農產地與災區，轉化成為具備創意與活力的社區小企業（黃穎捷，2009）。

綜合上述，其套裝產品的優點為增加銷售額、填補淡季或不景氣時期的業務、使產品易於為消費者所購買，因為企業的產品或服務可經由眾多銷售管道同時出售，能使企業獲得新市場的瞭解，或者說能在新市場中建立企業的聲譽，及有助於企業引進新的產品或服務。

 ## 第三節　餐旅業專案行銷概念

餐旅業專案行銷過程管理涉及規劃發展各項特殊事件、活動或計畫，可藉由制定規範制度予以監督、追蹤，提高餐飲旅館與休閒服務的品質。餐旅業規劃的相關概念是一種顧客導向的特性。適時的提出許多不同的專案促銷，是餐旅行銷的重要策略，因為淡旺季的明顯差異，更需要做適時、適地的專案行銷。

餐旅行銷人員要能「因案制宜」，盡其所能地活用各種行銷工具和手法，企劃與執行每個專案活動。由於社會變化快速，故顧客也是多變的，因此，行銷者要能掌握時勢及流行，創新產品，推出引領潮流行銷方案或活動專案。尤其以服務為主的餐旅服務業，更須講求時效性、彈性化，因為該產業相較於製造業的生命週期是很短的，故餐旅行銷者其腦筋要很靈活，且行動與執行力要快與準，

要能求新求變，且替顧客量身訂做的活動專案，符合顧客的慾望與需求，提供顧客滿意的服務，隨時掌握市場契機，維持市場應變的競爭力以求企業之永續經營。

餐旅產品的規劃

　　餐旅業者在規劃發展各項特殊事件、活動或計畫時，首先應做市場調查與核心產品的可行性分析。如一家餐旅廳館的營運首先要確認可行性投資之評估，再來決定後續開發籌備事宜，如：(1)營業的位址：餐旅服務業營業廳所的所在地，對營業關係的好壞成敗影響頗大「Location, Location, and Location」，選擇集客力良好的地區，應是交通便利、人口集中、流動量大，瞭解及營運所在地行政區內的各項市場相關資料及法令規定等；(2)實體設備：如館內設施及館外景觀之設計、整體氣氛的營造、營業型態與設備提供等問題。

　　餐旅行銷規劃的運作，是透過組織，經由調查、評估、分析、企劃、執行與控制，以招攬顧客進行消費活動；其消費交易的過程，是以顧客及潛在顧客（消費者）的慾望與需求為前提，而其最終目的是要完成營利事業的經營利益。在整個行銷管理過程當中，其行銷企劃活動之最終目的，在於激發消費者消費的慾望及需求。而餐旅行銷產品規劃一般所謂行銷組合的運用，雖能適用於製造業有形的實質產品，但並不一定能適用於服務業的產品，尤其是無形的服務產品。也就是因為服務業的產品特性不等同於製造業的產品特性，而且服務業行銷也不適合純粹以傳統製造業觀點的4P理論來運作。因此，行銷人員不必每次企劃行銷活動死守4P，而應該要「因案制宜」，盡其所能地活用各種行銷工具和手法，來企劃與執行每個行銷活動的個案（賴文仁，2002）。

現在的消費者是善變的，去年成功的行銷方案或活動企劃案，並不見得今年還可以繼續實施運用。以服務為主的餐旅服務業，所擬訂的行銷企劃，必須講求時效性、彈性化，而且需要針對業者本身的經營方針，進行行銷計畫的執行與控制，期待能與消費市場的需求吻合，提供顧客滿意的服務。並且需要適時地調整短／長期的經營目標與規劃，適度地修改年度或季節性行銷計畫，掌握市場契機，維持市場應變的競爭力，以求永續經營。但無論如何，若以新產品推出者，其行銷企劃書之內容可包括：

1. 前言。
2. 市場狀況分析（情勢分析，包括SWOT分析）。
3. 產品定位。
4. 市場定位（包括目標市場、市場區隔）。
5. 行銷問題點與機會點（包括問題因應之道）。
6. 行銷策略組合（產品包裝、價格訂定、商圈界定、傳播溝通）。
7. 執行計畫（行事進度、預算編制、追蹤控制）。
8. 行銷目標（目標營業額、市場占有率）。
9. 附錄（可附加市場調查結論及其問卷範本等補充資料）。

以上為餐旅業專案行銷規劃概念，餐旅業在規劃時應「Thinking globally, acting locally」，因地制宜，具有效性與彈性化，因為該產業相較於製造業的生命週期是很短的，故餐旅行銷者其腦筋要很靈活，且行動與執行力要快與準。

第四節 餐旅業異業結盟概念

　　單靠自己的行銷，在今天的市場上已無法和大型連鎖企業競爭，因此，結合相關企業或異業結盟促銷，強調出共同的廣告與其他各種行銷方案所具有之價值，如此一來可以為它們共同性的合作，降低成本，進而企業增加利潤。餐旅業進行聯合行銷活動，可以同業策略聯盟的方式，結合同業但不同區域性串聯起來；也可以與其他相關聯或不同產業別的企業結合起來，在特定期間、特定場合透過特別活動同時進行行銷相關促銷活動，以擴大市場需求，創造消費商機，並可適時地加強與顧客間之接觸機會及達成消費交易程度。本節將介紹同業結盟、異業結盟（horizontal alliances）、異業結盟類型及聯盟對企業的好處，說明如下（賴文仁，2002）：

一、同業結盟

　　餐旅服務業同業利用活動方式結盟，可以透過發行信用卡、會員卡或貴賓卡的方式進行聯合行銷。此行銷活動提供持卡人平日與假日各不相同的住宿、餐飲及館內消費折扣優待。如台灣休閒旅館聯誼會業者聯合推出住宿券促銷專案，持券者可在其指定的期限內的非假日時間訂房，可任選其中一家該聯誼會會員的旅館住宿。由於住宿券面額一定，但休閒旅館聯誼會各會員的客房設施等級並不一致，是故採取低一等級價位的客房，附加價值較多的餐飲消費或服務商品內容，來換取高一等級價位的客房服務商品。又如日月潭中信大飯店合作推出套裝旅遊商品，內容為三天兩夜，其中一夜住宿日月潭，隔日夜宿台灣民俗村的嘯月山莊度假飯店，並附送多項

服務商品與優惠措施。1986年佛羅里達航空（Air Florida）與英國島嶼航空（British Island）合作成為第一個國際聯盟航空；1989年美國西北航空（Northwest Airlines）與荷蘭航空（KLM）策略聯盟。

二、異業結盟

異業結盟指不同類型、不同層次的市場主體，為了更大可能提升規模效應、擴大自己的市場占有率、提高訊息和資源共用力度而組成的利益共同體。就是尋找一家或多家不同行業的企業與之結為戰略夥伴關係，以達到資源共用、優勢互補的目的。結盟不僅壯大了企業自身，更讓消費者的利益得以全面的最大化，是一種跨行業、多企業、多品牌的營銷模式。異業結盟包含三種方式，第一種是與敵人共枕，也就是與有共同目標的競爭對手合作，像是聯合次要敵人打擊主要敵人。第二種是共同營銷，包括產品定價、通路及促銷活動，甚至包括研發部分，例如Betty Crocker（糕餅業）與Sunkist（果汁業）合作一個檸檬口味的戚風蛋糕；Delicious Cookie（製餅公司）與知名供貨廠商所提供的內餡合作，也就是成分品牌化。第三種是兩個廠商結合在一起，製作一個促銷活動，例如早餐麥片與果汁聯合促銷，告訴消費者吃早餐、喝果汁時可搭配即食麥片。

三、異業結盟類型

常見餐旅業的異業結盟類型，如信用卡專案、保險專案、機票專案、聯合促銷專案等。

(一)信用卡專案

旅館業者為擴展其服務商品的附加價值，以吸引消費者及留住舊顧客，與銀行業共同推出「聯名卡」信用卡。諸如國賓大飯店與富邦銀行；小墾丁綠野渡假村與中國農民銀行。此項業務推展提供持卡人多重優惠，可進行購物折扣消費；又可透過網路訂房、查詢服務項目及內容，尤其對於經常從事商務旅行的顧客而言具有尊榮感及便利性；另一方面，兩方業者無論在強化企業整體形象、培養顧客忠誠度、擴大市場行銷面，及對於行銷目標達成皆有正面的效益。

(二)保險專案

旅館業者與保險公司合作，推出貴賓卡進行異業合作。持卡人除了享有住宿及消費折扣的優惠禮遇，其會員卡並附帶意外傷害或死亡保險保障的功能。此項聯合行銷業務推展，顯示業者能重視顧客度假安全的品質保障，並有利於雙方業者企業形象的提升。

(三)機票專案

國賓大飯店因擁有台北、高雄兩店之便，也與中華航空公司合作，折扣優惠持有搭乘聯合行銷的航空班機之北、高線登機證顧客。顧客也可在聯合行銷的旅館，購買「機票加飯店套裝產品」的優惠券，持有該券可以兌換台北店或高雄店住宿，或者也可以在機場櫃檯兌換機票，頗為彈性、方便又具招攬力。

(四)聯合促銷專案

餐旅事業不論是獨資經營的業者與同業或異業進行行銷策略聯

盟；抑或連鎖經營業者所有之各地營業廳館整合由總管理處統籌行銷運用，皆可以藉由聯合促銷專案，集中行銷主題訴求與焦點以吸引消費者，站在參與活動專案的業者立場而言，實在是「有利益大家分享，有成本大家分攤」的好處所在。

餐旅事業業者結合其他不同消費性服務業，如信用卡、服飾精品、婚紗攝影、百貨業、旅行業、航空業、租車業者等，進行聯合促銷活動，共同拓展諸如結婚市場的套裝服務商品。如台中永豐棧麗緻酒店就曾與中華航空公司攜手合作，設計數款婚宴專案，推出訂酒席送機票的蜜月旅行優惠活動。也可以與國內外其他同等級旅館、信用卡發卡銀行及租車業等相關業者以結盟方式，提供其顧客在任一策略聯盟成員的營業廳館或服務處消費，皆可以參加累計消費次數或額度達到特定程度的所謂「酬賓激勵計畫」之促銷活動。

另外，西式速食業的產品套餐組合當中，飲料的搭配是不可或缺的。因此，無論是平時的供應，抑或淡季的促銷，速食業與飲料供應商是「併肩作戰」的夥伴關係；換言之，飲料業是速食業的搭配產品供應商，而速食業是飲料業的長期客戶。是故，經雙方聯合協定為飲料商從該客戶每年進貨的總額當中，提撥一筆專款作為共同舉辦年度或季節性的促銷活動專案，以便各得其利。

四、聯盟對企業的好處

根據《百萬年薪七步走》作者提出聯盟對企業的好處如下：

1. 可以讓客戶資源從1變成10，甚至20、30。這也是資源整合、資源營銷的核心。
2. 減少廣告費用的投入，而把另一部分廣告費用轉嫁給消費者，為消費者省錢，符合「富客」的要求。

3. 培養顧客忠誠度。現代企業的競爭不再是顧客滿意度的競爭，而是顧客忠誠度的競爭。顧客得到了好處就會再次消費，甚至介紹他的朋友消費，讓企業進入良性循環。

4. 「企業要想生存和發展，穩定積累是前提」。隨著「聯盟卡」發行量的增加，客戶資源不斷的擴大，那麼就等於我們共同擁有了一個穩定的消費群體。

5. 企業結盟以後，企業的競爭實力將大大增強。顧客忠誠度決定企業的存亡，穩定積累是企業生存和發展的前提條件。對消費者來說，消費者永遠都希望物超所值，希望花同樣多錢或少付一點錢，得到更多一點的東西。而異業聯盟就是為顧客省錢，就是讓顧客得到更多物超所值的東西，得到更多的尊榮服務和待遇，顧客肯定喜歡。對國家來說，消費者高興，商家營業額上升，利稅多交，利國利民。從社會歷史的發展角度來說，大魚吃小魚，快魚吃慢魚；掠弱強食，優勝劣汰這是自然法則，一種新事物產生，必加速舊事物的滅亡，從而推動生產力的進步和社會的進步。擁有客戶資源就等於擁有財富（兆鴻，2010）。

有錢大家賺，發揮1+1＞2綜效——妖怪村

　　「妖怪村」座落在溪頭景區側門口，並非進入景區的必經之路；同時，也因商店街以往銷售的商品缺乏特色，使得此商店街逐漸沒落。妖怪村的「鬼點子」緣於仿日本鳥取縣妖怪村，將整條沒落的老街重新改裝為日式茅頂木屋建築風格，高掛日式燈籠，同時把每家商店都包裝成具有「妖怪色彩」的特色商店。例如：妖怪麵包店裡賣的是「妖怪麵包」，妖怪麵店裡賣的是「妖怪拉麵」。此外，街頭設立了幾個妖怪造型的郵筒，供遊客將「妖怪村」的明信片直接寄給親友，再加上許多販賣與妖怪有關的紀念品、玩具、食品及特產等，使得整條原本沒有特色的沒落老街，吸引了許多好奇的遊客前來遊玩，「妖怪村」搖身一變成為台灣獨一無二的「妖怪村」，店家的生意從門可羅雀搖身一變成為門庭若市。

　　「妖怪村」行銷案例值得學習的是：

一、創造差異化

　　一般森林景區周圍的商店，賣的不外乎是當地水果、土產，大同小異而缺乏特色。「妖怪村」一開始就以獨特的「妖怪」主題，創造差異化，吸引遊客的注意力及好奇心，使遊客願意繞道側門來逛街與消費。

二、聚落效應

　　藉由販賣各種琳瑯滿目的「妖怪玩具」、「妖怪食物」及「妖怪用品」，讓遊客的體驗更完整、更真實，讓遊客彷彿身臨其境，置身於森林深處的「妖怪村」中。「聚落效應」是指，同樣的產業

或商業活動（或有著上下游關聯）聚在同一地域形成了聚落，彼此之間的關係，既競爭又合作。當聚落形成之後，為產業利益、商業活動、消費人潮等帶來正面影響，而聚落經營帶來的商業效益比單獨一家經營要高。舉例來說，台北著名的北投溫泉鄉，因為有著豐富的自然溫泉資源，而匯聚了各式各樣的特色溫泉旅館，從頂級的國際溫泉飯店到大眾化的免費泡湯池，再加上溫泉美食、溫泉文化歷史遺跡，打造了獨一無二的北投溫泉鄉。將場景轉移到上海的田子坊，也可以看到文創產業聚落帶來的正面效應。田子坊因其老上海特色的古庫門建築而頗富名聲，自從有了藝術家進駐，開始匯集了更多極具特色的文化創意商品、新生代創作者、帶有中西融合風情的咖啡館與特色美食，將田子坊打造成混搭舊上海風情與新時代文化創作氣息的創意集市，吸引了許多時尚人士、外國遊客參訪，成為上海的新地標。

　　透過「聚落效應」，分享創意與商業點子，有時反而能成行成市，製造更大的效果。以「妖怪村」的例子看，如果只有單一一家販賣妖怪商品的店家，恐怕不足以吸引眾多遊客到訪，也無法吸引相關的媒體報導。但是，透過「聚落效應」所創造出來的消費體驗與情境，就可以將同行之間可能的競爭轉變成為了當地的特色，吸引更多的人潮，創造更大的商機。同行，不一定是冤家！

資料來源：郭特利，華夏經緯網，2012/07/12，http://big5.huaxia.com/tslj/jjsp/2012/07/2921793.html。

第五章

餐旅行銷市場區隔與趨勢

- 餐旅行銷市場區隔化
- 餐旅行銷市場趨勢
- 餐旅業行銷市場定位
- 個案分享

　　如今的餐旅消費市場已由以往的生產者導向市場，轉變成為消費者導向市場。即餐旅業者必須配合消費者的偏好去生產產品或提供服務，以迎合消費者的需求。而小集群的市場區隔型態也成為餐旅消費市場的特徵，廠商應採取顧客導向的行銷策略，以往大量行銷的做法，已逐漸被目標行銷的做法所取代。

　　史密斯於1956年提出市場區隔的概念（Smith, 1956），認為市場上的消費者並不同質，且具有不同的需求。若將一個市場區隔成幾個較小的消費族群，再針對各個族群的特殊偏好或需求，發展出不同的行銷策略組合，將能滿足每一消費群的需求，達成更好的行銷績效。餐旅業需要做好市場區隔乃基於以下原因：

1. 主要是由於企業資源有限，為達到最大行銷的效能，市場區隔有其必要性。
2. 由於經濟與社會的高度發展，造成顧客的需求與行為趨於多元化，出現不同市場區隔現象。
3. 市場區隔亦可幫助行銷管理人員設計出不同的行銷組合，以滿足個別特定區隔的需求。
4. 餐旅業透過市場區隔，也可以找到發展新產品或服務的有利機會。尤其是中小規模的業者在餐旅業中占大部分，企業資源更是有限，市場區隔可滿足目標顧客的需求，可改善行銷資源的策略性分配，達到事半功倍的效益。

　　由於餐旅目標市場特性難以捉摸，使得餐旅業的產品市場定位越來越困難。若能藉由瞭解市場，並做好市場區隔，以縮小目標顧客群，再根據餐旅目標市場之顧客特性與喜好作產品或服務市場定位，做好目標行銷就容易多了。爰此，Kotler（1994）提出企業對於目標顧客行銷的三個主要步驟，依序為市場區隔（segmentation）、目標市場選擇（targeting）及市場定位（positioning），簡稱為顧客

行銷的STP三步驟（**圖5-1**）。餐旅業者面對整個餐旅市場時，必須先將市場區隔成較小市場，其次選定與餐旅業本身資源相符之區塊作為目標，再將產品或服務定位於消費者心目中，並依產品之定位訂定符合餐旅目標消費者需求之行銷組合策略。因此，市場區隔是企業行銷策略的基礎，市場定位則成為行銷策略的核心。

茲以統一星巴克連鎖咖啡廳為例，說明其顧客行銷的STP步驟如下：

★步驟一：市場區隔

星巴克以販售高品質的咖啡、糕點為主，它要創造的是一種難忘的消費「體驗」（experience），並試圖創造工作及家庭以外的第三個能夠讓人放鬆的地方。因此，星巴克強調的是喝咖啡是一種品味和悠閒，是一種氣氛與時尚，而不只是提供一個喝咖啡的地方，以與其他咖啡廳有所區隔。

★步驟二：目標市場

由於星巴克咖啡標榜氣氛、品味、品牌和品質，所販售的商品價位較高，非一般學生族群可以經常去消費，故星巴克主要的銷售

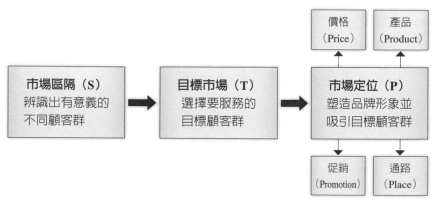

圖5-1　顧客行銷的STP步驟

目標市場以上班族及喜好喝咖啡的人為主。

★步驟三：市場定位

　　星巴克咖啡的市場定位方式與一般的連鎖咖啡廳（如85度C）不同，星巴克很注重自己的品牌形象，堅持自己的品質標準，故星巴克不走加盟路線。其所塑造出來的高雅悠閒氣氛、高品質及高價位形象，也讓星巴克品牌成為一種時尚，其市場地位在特定消費者心目當中是無可取代的。

第一節　餐旅行銷市場區隔化

　　市場區隔理論是一種以「顧客導向」為依據的管理哲學，它強調需有目標顧客群的觀念，將顧客區分成幾個比較次級的市場，並依其動機和行為來擬定各類行銷策略，除了可滿足顧客需求，並可達成組織目標。市場區隔理論已被廣泛地運用在觀光與餐旅產業，例如：Mazanec（1994）主張，旅遊市場「區隔」是將性質相近的遊客歸為同一群體，並為所選擇的市場定義出目標對象群體。市場區隔是行銷計畫的基本步驟之一，可協助企業組織有效地分配行銷資源，設定目標市場及發展行銷計畫。

一、餐旅市場區隔的定義與目的

　　Smith（1956）提出市場區隔的概念後，將它定義為：「將市場上某方面需求相似的顧客或群體歸類在一起，建立許多小市場，使這些小市場之間存在某些顯著不同的傾向，以便使行銷人員能更有效地掌握及滿足不同市場顧客之不同慾望或需求，因而強化行銷組

合的市場適應力」。隨後，有許多市場區隔的相關研究陸續出現，而其定義亦相當多元。然而，其意義與內容大同小異。例如：Kolter和Armstrong（1999）認為，所謂市場區隔是指將整個消費市場依消費者習性或需求不同，區分為幾個不同的市場，每個小市場內的消費者在需求、特性及偏好上有同質性，相對於其他小市場則有異質性。Kotler（2000）指出，市場區隔是把相似的消費者人口統計特徵，如將具有相似需求、所得及產品偏好等之消費者集合在一群，以跟其他人口統計特徵有所區別的方式。

綜合國內外學者的看法，茲將餐旅市場區隔之目的整理如下（范惟翔，2007）：

1.有效評估市場競爭態勢，確認餐旅業者本身在市場中所處的地位。

2.規劃出具效率及成本效益的策略，以強化餐旅業者的競爭力，藉此提高產品銷售量、利潤，並增加市場占有率。

3.瞭解餐旅業自身的「優勢」及在市場中的「機會」，並迴避「劣勢」及來自市場的「威脅」，可幫助餐旅業擬定行銷策略。

4.藉由市場區隔，餐旅業者可設計、提供新產品或服務，以滿足消費者之需求。

5.透過市場區隔，可能有機會讓餐旅業在目標市場上形成獨占地位，避免激烈的市場競爭。

以日月潭的涵碧樓為例，它擁有得天獨厚的地理與自然環境條件，當初鄉林集團董事長賴正鎰（涵碧樓的業主）將涵碧樓原有房間數由四百個減為九十六個，企圖打造一個世界級的觀光休閒大飯店。其「極簡」的設計風格與理念，將涵碧樓與日月潭融為一體。白天，顧客在涵碧樓的游泳池，隔著一道矮牆便可欣賞群山倒映在

泳池中的夢幻美景，彷彿自身正悠游於日月潭，與整個湖光山色融為一體。夜裡的日月潭容易起霧，那又是另一番獨特的景緻，時常讓飯店顧客宛如置身於雲霧仙境之中。此外，涵碧樓一開始即以經營私人會館為目標，入會資格審核相當嚴格，一張個人會員卡要價新台幣250萬元，公司卡（三人）要價新台幣550萬元，目的是塑造一種尊榮感，吸引金字塔頂端的消費族群，並在競爭激烈的飯店業中做出市場區隔（涵碧樓網站，2012）。這樣的涵碧樓是其他飯店很難模仿的，即便是目前最便宜的房價每晚在15,000元以上，2010年涵碧樓的平均住房率仍達80%，營收約達5億元，2011年上半年平均住房率增至86%，全年上看90%，營收可成長10%左右（財經快訊，2011）。雖然，後來同等級的日月行館加入競爭的行列，但由於近年來政府大力推動觀光及陸客來台等因素，觀光市場反而更大，涵碧樓的營運並未受到影響。

二、餐旅市場區隔的重要性

柯榮哲（2009）指出市場區隔的重要性，它可找出同群組顧客間共通的特性，推測其具有相似的購買行為特徵及可能的回應，作為發展行銷策略的基礎；對於不同消費特性的顧客群，則可提供差異化行銷。餐旅業者若能先瞭解顧客，以其特性作分群，然後藉由行銷市場區隔化策略，精確地找出有價值的顧客群，除了可以提高顧客購買頻率及消費金額外，更可增進顧客滿意度、顧客忠誠度及經營利潤，甚至創造顧客終身價值。如此，餐旅業者可將有限資源作最適當的配置，為企業組織創造最大的價值。餐旅行銷市場區隔化可為良好的顧客關係管理（Customer Relationship Management, CRM）建立基礎。

以航空公司為例，1981年北歐航空公司（Scandinavian Airlines

System, SAS）遭逢業績嚴重下滑的打擊，當年SAS虧損高達800萬美元，此金額在當時是相當大的數字。後來董事會選出具有強烈行銷導向的新任總裁詹‧卡爾森（Jan Carlzon），期望他能帶領公司反敗為勝，走出低潮。卡爾森上台後，便展開一連串的企業整頓行動，尤其是公司對顧客的態度及行銷策略方面。結果在短短一年多的時間，公司出現重大的轉變，SAS從虧損800萬美元到變成盈餘7,100萬美元毛利，業績高達20億美元。在卡爾森的領導之下，SAS已成功躍居為「商務人士的航空公司」最佳代名詞，甚至被評選為年度最佳航空公司。卡爾森將其成功的因素歸功於一個簡單的顧客關係管理哲學：「要確定你所賣的，是顧客想買的東西。」他認為，公司應該將生產導向的思維轉向市場區隔導向，必須隨時留意顧客行為所透露給企業的訊息，並根據顧客需求與偏好，給他需要的產品與服務。對於目標市場需求的持續關注，使整個SAS公司上下，在工作態度、服務流程及效率上有了根本的轉變。這就是SAS公司反敗為勝的重要原因之一，可見市場區隔對企業組織的重要性（戴國良，2008）。

三、餐旅市場區隔之衡量基礎

　　要研究餐旅市場區隔，最初應著重在消費者特性與產品／服務屬性的價值衡量，才能設計最適合的產品／服務給該區隔內的消費者。Engel等人（1995）指出，市場區隔之基礎變數有地理變數與人口統計變數等。地理變數為研究調查的區域，以台灣為例，可分成北、中、南、東部及離島地區；人口統計變數則包含性別、年齡、職業、教育程度、婚姻狀況及月收入等。

　　Kotler（2000）對於市場區隔之偏好分析程序提出看法，他認為應先蒐集產品屬性資料，然後透過問卷調查瞭解消費者的意見，

接著分析問卷數據，搭配聯合分析法描述出消費者對產品或服務屬性的整體偏好後，再利用集群分析區隔出不同的產品或服務偏好群，觀察每個偏好群的主要特色，並予以命名。Kotler（2000）認為，產品偏好之市場區隔有下列三種形式：

1.均質偏好：是指所有消費者的偏好大致相同。
2.分散偏好：是指消費者的偏好散布在各處，呈現此種現象表示消費者偏好差異很大。
3.集群偏好：是指消費者雖有不同偏好，但有著相似偏好、購買能力的人會集結在同一群內。

選取市場區隔變數的方法通常依據研究目的，只要區隔後的餐旅市場能顯示出有意義的市場機會即可。Kotler（2000）就曾將市場區隔變數分為：

1.地理變數：區域、人口密度、氣候等。
2.人口統計變數：性別、年齡、家庭成員數、所得、職業、教育程度、家庭生命週期、種族、國籍及社會階層等。
3.心理變數：文化、生活型態、人格特質、興趣、意見和動機等。
4.行為變數：忠誠度、使用頻率、使用狀態、購買時機及對產品的態度等。

一般常用的觀光旅遊區隔變數包括人口統計特徵、社會經濟變數、旅遊動機、旅遊行為和心理變數等。其中，心理變數的區隔方法結合市場區隔和心理特徵，可以瞭解消費者的心理層面，並深入預測消費者的行為意圖，為市場區隔研究提供有效的方法（Silverberg et al., 1996）。因此，以心理變數搭配其他變數來作市

場區隔，能有效擬定對應的餐旅行銷策略，達到行銷的目的。

　　市場區隔是在選擇市場目標、決定推廣目標或設定廣告對象前必經的步驟。企業可利用問卷調查方式測出各個變數之強度，再利用交叉分析、變異數分析或集群分析等統計方法，找出各市場區隔的消費特性。分析結果形成後，餐旅業者應以此結果為基礎，依行業特性訂出最有消費潛力之目標市場。一旦餐旅業能有效命中目標顧客，則無論是在產品規劃或行銷策略上，所遭遇之困難會較小，同時可大幅提升企業行銷績效（劉焠潔，2002）。

　　以連鎖速食業為例，全球連鎖速食業龍頭麥當勞之顧客以年輕族群之市場區隔為主，其廣告即以年輕世代注重個人獨立，卻又需要群體認同的特質為訴求，無論是廣告代言人或廣告用語都是為此量身打造。2003年台灣麥當勞形象廣告用語「i'm lovin' it」即是在此概念下所設計出來的，開頭使用小寫i，另有麥當勞是小我，而消費者才是大我的涵義。此廣告用語簡短又有力量，讓人印象深刻，很符合現代年輕人「只要我喜歡，有什麼不可以」的思維模式，也傳達了年輕世代的生活態度，很容易獲得年輕族群的認同。

作者攝影

四、餐旅市場區隔的有效性

市場區隔的方法有許多種，但並非所有的區隔化都是有效的。吳政芳（2010）參考相關文獻將市場區隔必須具備的有效性歸納如下：

1. 可衡量性：此區隔市場之大小、購買力及基本特徵應是可以被衡量的。
2. 可接近性：能有效地接觸和提供服務給此區隔市場。
3. 足量性：一個區隔市場應該要夠大或有利可圖，是一個最有可能的同質性群體，值得設計特定的行銷方案去滿足他們。
4. 可區別性：此區隔市場在觀念上是可以區別的，對不同的行銷組合要素有不同的反應。
5. 可行動性：能夠設計有效的方案去吸引和服務此區隔市場。

以早餐市場為例，早餐是三餐中外食比例最高的一餐，根據估計，若以台灣2,300萬人口，扣除老人和嬰兒後約1,700萬人，其中80%的人選擇外購早餐，平均客單價45元來計算，早餐市場規模一年約有2,000億元（陳彥淳，2009）。其中，90%為西式早餐市場，因此吸引許多連鎖速食店、便利商店及咖啡廳業者的注意。可見早餐市場之大小、購買力及基本特徵是可以被衡量的；而企業能有效地接觸和提供服務給早餐市場，且此區隔市場規模相當大，值得業者積極投入，並設計特定的行銷方案吸引早餐的顧客群。例如：麥當勞行銷副總裁李意雯表示，早餐在三餐外食中比例最高，2012年台灣早餐市場預估達2,000億元，五年內成長了一倍，且麥當勞早餐來客數已占全日20%，雖然早餐的客單價不高，大約80元，但已占

麥當勞營收的15%（陳大任，2012）。因此，麥當勞越來越重視早餐市場的行銷策略。如2004年推出49元早餐卡套餐；2009年全新推出49元「超值早餐」，免買早餐卡的活動；2012年為了鼓勵家人共進早餐，更推出快樂兒童餐早餐（79元）及經典大早餐（99元）。

　　另外，早餐市場區隔對不同的行銷組合要素應會有不同的反應，如連鎖速食店及便利商店的早餐商品所強調的是便利及迅速，其與傳統早餐店所強調的人情味及現做餐點截然不同。因此，業者紛紛設計不同的行銷方案吸引與服務此區隔市場。例如：7-11推出御飯糰搭配特定飲料的價格優惠組合，及逐漸多樣化的熟食商品（包含便當、炒麵及沙拉等），搶食市場大餅。統一星巴克為了增加獲利，在穩居台灣連鎖咖啡業龍頭後，亦開始進軍競爭激烈的早餐市場，其價格區間約在100~150元，鎖定喜歡早上到星巴克買咖啡之消費者，推出多種包含內用與外帶的早餐組合供消費者選擇，並以外帶早餐組合較店內食用之價格更優惠等方式，吸引顧客上門消費。推出之後亦逐漸受到消費者的喜愛，尤其是年輕上班族群，也進一步帶動了星巴克整體業績的成長。

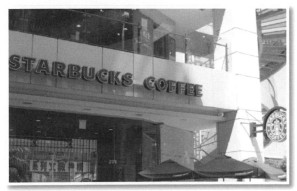

作者攝影

五、餐旅市場區隔化模式與步驟

(一)市場區隔化模式

Wind（1978）提出市場區隔化可分為四種模式，包含事前區隔化模式、集群區隔化模式、彈性區隔化模式及成分區隔化模式，茲分述如下：

◆事前區隔化模式

此模式預先決定分群標準，再以人口統計變數或心理變數等描述之。其特色為選定區隔標準後，即可知區隔的數目、大小與型態。

◆集群區隔化模式

此模式事先不知道區隔數目和大小，而根據受試者在區隔變數上的相似性加以分群。常用的區隔變數有動機、態度、生活型態和其他心理統計變數。

◆彈性區隔化模式

此模式乃是整合「聯合分析」和「消費者選擇行為」的電腦模擬而成。可發展許多交替的市場區隔，每一區隔包含一些對產品特色有相似反應的顧客。

◆成分區隔化模式

此模式係從聯合分析和直交排列發展而來。強調市場從分割開始，移轉到預測某型態的消費者對某種型態的產品／服務特徵產生最大的反應。

(二)市場區隔化步驟

根據以上市場區隔化模式，茲參考吳政芳（2010）的看法，將餐旅市場區隔化執行步驟大致分為以下幾點：

1. 首先參考餐旅相關文獻以獲得理論依據，並透過與消費者或專家訪談，以建立餐旅市場區隔問卷之基礎。
2. 經由餐旅專家訪談後，瞭解消費者之需求及特性，並分析其同質性與異質性。
3. 發展、分析消費市場之輪廓，其中包含消費者生活方式、對產品態度、喜好及使用習慣、地理位置和人口學上之特性。
4. 針對餐旅消費市場，選擇適當的區隔變數進行資料蒐集，接著分析餐旅市場並進行市場區隔。
5. 透過市場區隔化程序後，選定符合公司利益之目標客群，並排定目標客群之優先順序。
6. 接著進行市場定位，即目標客群內每位消費者對於公司主要產品的偏好不同，因此公司必須將產品／服務定位在主要消費者心中，並制定一套特殊行銷策略，以滿足目標顧客之需求。

第二節　餐旅行銷市場趨勢

在1980年代，企業對顧客的行銷方式屬於大眾行銷，即企業對廣泛的顧客寄發大量相同的郵件、DM、商品目錄及促銷訊息等。1990年代，企業行銷觀念有所轉變，企業開始注意並瞄準特定顧客群，針對特定商品及服務寄發郵件、DM、商品目錄及促銷訊息等

給這個族群，行銷流程的重心是目標顧客。公司確認整體市場，並區分為較小的區隔市場，選擇最具潛力的區隔市場，然後集中資源與力量服務，以滿足這些區隔市場。因此餐旅業必須擬定包含產品、定價、通路及溝通策略的行銷組合。為了找出最佳行銷組合並付諸行動，餐旅業者必須進行行銷分析、規劃、執行與控制。透過這些活動，業者才能有效監視並掌握整體餐旅行銷環境變化與趨勢，進而擬定符合顧客需求之行銷策略。

行銷環境的變化將對服務業行銷人員管理及策略之發揮產生重大影響，企業或經理人必須隨時對市場趨勢及環境變化保持敏銳的觀察力，以洞察機先，隨時調整企業經營方向與行銷策略。所謂「行銷環境」是指企業在擬定行銷策略及執行行銷方案時，所遭遇之不可控制的角色與力量。這些因素包含（戴國良，2008）：

一、經濟環境

舉凡經濟衰退、天災（如311日本大海嘯、南亞海嘯）、人禍（如911恐襲事件、中東戰爭）、國際油價飆升及國際金融危機（如歐豬四國PIGS的債信危機）等經濟環境因素，都會使消費者對經濟前景失去信心，讓消費者裹足不前，直接或間接影響服務產業。尤其是觀光餐旅產業屬於非民生必需產業，其需求及所得彈性普遍較高，非常容易受到經濟環境變化的影響。因此，當經濟環境產生變化時，「行銷環境」也跟著改變，業者必須適時掌握行銷市場趨勢，擬定一套因時制宜之行銷策略組合，在經濟逆境中求生。

二、科技因素

科技的高度發展為餐旅產業帶來了重大的衝擊與影響，例如：

行動通訊（包含3G手機、平板電腦）、網路科技、奈米科技等，尤其是資訊科技與網際網路的快速發展已經逐漸改變人們的消費習慣。例如：許多餐旅業者運用專屬網站、部落格及社群網站（包含Facebook、Twitter）等進行網路行銷，甚至成立粉絲團經營顧客關係管理，為餐旅產業的行銷策略增添無限可能性。因此，餐旅產業善用網路行銷已成為一種時代趨勢。

三、政治與法律因素

政治與法律因素往往對產業的發展造成關鍵性的影響，因為健全的政治與法律環境有利於企業的發展。例如：政府於民國90年11月23日公布「開放大陸地區人民來台觀光推動方案」及民國90年12月10日頒布的「大陸地區人民來台從事觀光活動許可辦法」等一連串法令，對開放大陸民眾來台觀光等政策的推動及台灣的觀光產業發展影響深遠，並為民國101年境外來台觀光客達到700萬人次奠定了重要的基礎。另外，如民國89年的「觀光政策白皮書」、民國91年的「觀光客倍增計畫」、民國94年的「台灣暨各縣市觀光旗艦計畫」、民國97年的「旅行台灣年計畫」等，都是政府營造有利於觀光餐旅產業發展環境的一連串措施。由政府主導法令並健全產業環境，甚至行銷觀光餐旅產業，已成為世界各國發展的趨勢。

四、通路因素

通路包含實體通路及虛擬通路，實體通路是指一般傳統通路，包含店面、門市等銷售產品／服務的管道，例如：購物中心、百貨公司、便利商店及餐廳等。隨著連鎖加盟商業型態的出現，使得實體通路對產業產生了重大的影響力，例如：7-11便利商店、王品餐

飲集團旗下的各種品牌連鎖餐廳、國際知名的四季連鎖飯店等，其連鎖經營方式本身即是一種行銷策略，亦已成為時代趨勢。另外，近年來崛起的虛擬通路，包含電視購物、網路購物及型錄購物等，已逐漸改變了企業的行銷方式。例如：許多旅行社、飯店、溫泉旅館及餐廳等觀光餐旅業紛紛透過電視及網路等電子媒體銷售產品，澈底的顛覆了傳統的行銷方式。

五、競爭因素

波特（Porter）所提出的五力分析中，包含現有競爭者、潛在競爭者、替代品威脅、供應商及買方議價能力等，形成錯綜複雜的產業競爭環境。因此，任何企業之行銷方式都會受到五力的牽動與影響。以台灣主題樂園產業為例，由於市場競爭激烈，淡旺季明顯且易受天候不穩定等因素影響，因此遊客之議價能力高，尤其是以學校及企業團體方式更易取得議價上的優勢，而網路資訊透明化，使得遊客便於多家比價與選擇，更加強了買方的議價能力。故台灣的主題樂園業者常會採取年齡、身分、團體人數、不同季節及時段（平日假日及星光票）等採取差別定價策略因應之。

六、人口因素

人口統計變項在市場區隔過程中扮演重要的角色，尤其當一個國家的人口數量或年齡層結構產生劇變時，對該國經濟及產業結構之衝擊更不容輕視。值得警惕的是台灣新生兒之人口數，已由民國85年的三十二萬五千餘人驟減到民國99年的十六萬七千多人（圖5-2），雖然民國101年稍微回升到二十二萬九千人，但這樣的現象仍令人憂心。此外，台灣人口老化問題與日本一樣日趨嚴重，更凸

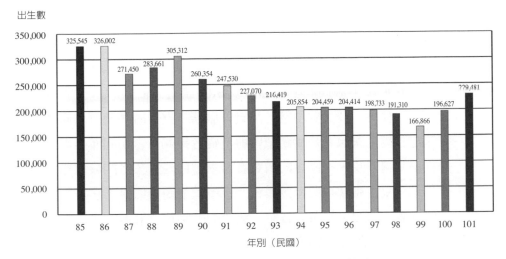

圖5-2　民國85~101年台灣人口出生數量

資料來源：內政部網站（2013）。

顯台灣人口結構的劇烈變化，將造成國內消費市場及教育市場非常
不利的影響。可以預見的是，銀髮族的市場將越來越重要，觀光餐
旅業者必須順應人口因素的變化，發展符合市場需求之產品服務及
行銷方式。例如：1980年日本開始推展海外長住（long stay）計畫，
發表「新銀髮族哥倫比亞計畫」並成立「海外滯留度假研究會」，
日本退休人員開始嘗試到海外長期居留。日本推行海外長住計畫的
主要原因之一，便是老齡化人口變多（許文聖，2010）。由於台灣
鄰近日本，許多有利條件使台灣觀光餐旅業者有機會爭取到日本人
長住的商機。同理，兩岸開放觀光以後，許多大陸退休人士也可能
有意願在台長住，台灣占有地理位置、種族及語言等優勢，政府及
觀光餐旅業者應集思廣益，共同為將來可能形成的龐大市場未雨綢
繆。

七、顧客因素

由於產業發展的多樣性及資訊的發達，顧客的選擇機會有增無減，使得消費者對價格、品質、服務、供貨時間及付款條件等越來越挑剔。餐旅業是服務業中與消費者接觸最密切的產業之一，如何滿足善變及永不滿足的消費者需求，已成為業者的最重要課題。例如：星巴克咖啡業者擅長在門市中營造商店氣氛，它是體驗行銷的元素，例如：輕柔的音樂、淡淡的咖啡香及舒適的座椅等感官體驗，加深消費者的品牌印象。

茲參考Silverpop行銷公司（2012）有關2012年七大行銷趨勢的報告，將餐旅產業未來市場行銷的趨勢根據產業特性加以修改及歸納如下：

★趨勢一：地點、地點、地點

沒有什麼比知道他們的消費者某個時間身在何處，以及當下有什麼期待更重要。因此，餐旅業必須注意到要做適地化的行銷策略，但這並不是一個簡單的任務。例如：麥當勞是全世界第一大連鎖速食餐廳，目前在121個國家擁有33,000萬家以上的門市，連信奉印度教人口占80%的印度都可以看到金色拱門，為了突破展店的困境，麥當勞更宣布將於2013年在印度開全素餐廳，「因時因地制宜」成為麥當勞成功的關鍵因素之一。統一星巴克連鎖咖啡廳在台灣為了擴展市場，自從2011年8月底推出「在地茶系列」，不僅創造全新東西融合的飲茶體驗，並成功地吸引了愛喝茶、少喝咖啡的新客層。

★趨勢二：個人化的加值服務

餐旅業者應直接面對消費者當下的需求，灌注更多的生命力，

展現對消費者個人的用心與關懷。而服務業最極致的表現就是「感動服務」，要讓顧客感動的難度很高，一旦達成後卻可強力的黏住客戶，強化顧客對品牌的忠誠度。餐旅行銷人員要感動顧客就必須達到SWI三項要件：第一要夠特殊（special），第二要夠熱情（warm），第三則要夠震撼（impact）。以星期五（Fridays）美式餐廳敦北店爲例，曾經有顧客才走到門口，就有年輕的女服務員拉開門表示歡迎：「吳小姐？座位已經爲您安排好了，這邊請！」在門口就能正確喊出顧客姓氏的餐廳並不多見，因此讓顧客倍感窩心與驚喜。接著顧客點完餐後，不經意地拿起水杯輕摳杯緣，一旁的男姓服務人員立即察覺，主動趨前詢問：「需要幫您換個杯子嗎？」過餐過程，顧客只要抬頭招手，立刻就有服務員前來服務（王一芝，2011）。在服務過程中運用智慧、創意與令人驚喜等因子，讓顧客感覺這是專爲他個人偏好而提供的加值服務，眞正感受到業者的熱誠與貼心，在其心中留下深刻印象。

★趨勢三：順應跨平台的行銷媒介

因爲智慧型手機（smart phone）的銷售量已經超越了個人電腦（PC），同時據估計，到2015年將會有超過兩千五百萬的Mobile App的下載量。越來越多的消費者透過各式各樣不同顯示器規格的媒介（如智慧型手機、平板電腦、Notebook、PC）來查看網頁、社群媒體、e-mail、Blog、Facebook、YouTube及視頻等。因此，除了DM、口碑行銷、報章雜誌等平面媒體、電視媒體、觀光摺頁及手冊等傳統的行銷管道外，餐旅業者應重視這股由無線網路、資訊科技與微型化行動裝置技術所造成的風潮及其所引領的行銷趨勢，並善加運用以創造行銷優勢。

★趨勢四：隨時且適時的跟曾經往來的顧客溝通

根據相關研究顯示，開發新客戶所花費的成本是維持舊客戶的

五倍，可見維持良好顧客關係的重要性。餐旅業者必須隨時喚醒消費者的參與或關注度，因為在這個顧客關係行銷模式導向的時代，除了現有競爭者外，餐旅業時時刻刻都要面對潛在競爭者及其他替代品的威脅，況且現在的消費者是喜新厭舊的，餐旅業者必須隨時且適時的跟曾經往來的舊顧客保持聯繫，隨時喚醒他們對你的記憶，並保持對消費者的關注及對其需求的瞭解，否則他們會棄你而去。餐旅業者可利用週年慶、消費者生日或結婚紀念日優惠活動、例行性的行銷活動、Facebook粉絲團抽獎活動等，與消費者保持密切聯繫，最好能以親友關係的思維來服務顧客，才能跳脫建立在互相利用的生意基礎上，也唯有與客戶建立堅實的夥伴關係，才能讓感動行銷可長可久。

★趨勢五：顧客行為是王道

在顧客導向的時代，瞭解顧客行為及其行為背後所隱藏的需求，並設法滿足甚至超越其需求是餐旅業者的重要課題，也是永續經營之道。以往餐旅行銷人員可以透過問卷調查、焦點群體訪談、顧客申訴或顧客自發參與的方式來蒐集分析顧客行為，現在可利用網站、e-mail或社群網站等蒐集顧客意見，透過適當的統計分析後，跟CRM作結合，根據顧客行為適當地作顧客的分類，這有助於提供更為客製化的服務（產品）給顧客，並用這些資料作為擬定行銷策略的依據，進而改善服務作業與遞送系統。

★趨勢六：結合社群媒體

迄今，Facebook有超過八億會員數，Twitter有超過兩億的會員數，而Apple也有超過百億的App下載數量，因為這些媒體集合了mobile、social、local及e-mail的功能，行銷與分享的能力強大，餐旅行銷人員應該關注的是如何在這些潛在顧客多的地方與顧客們互動並完成行銷的目的。在這個趨勢下，餐旅業應該結合這些社群媒

體的分享與行銷功能，引導顧客進到企業的網站、Blog、粉絲專業等，引起行銷話題及消費慾望，進而吸引消費者前來消費。

★趨勢七：把e-mail當成量身打造的個人信訊工具

　　雖然當今有越來越多的溝通與行銷工具出現，但e-mail仍然是一個持續被採用，相對有效的跟客戶建立聯繫，同時可以提升忠誠度及收益轉換的工具。根據調查，有超過四分之三的成人表示e-mail是他們最喜歡的商務溝通工具，因此餐旅行銷人員必須善用e-mail，建立一套動態的e-mail內容平台，可以發送經過行為分析的個人化的自動訊息給用戶，並且在e-mail中建立一個訊息追蹤機制，能夠在未來更精準的根據需求遞送不同的內容，滿足不同顧客的個人需求。

　　根據以上的趨勢分析顯示，未來餐旅行銷人員可以更便利的透過更多的管道接觸到更多的潛在消費者，也可以更便利的分析出這些顧客的行為，只要持續地進行且妥善的規劃，將可以比其他業者更能把行銷效益發揮到最大。

第三節　餐旅業行銷市場定位

　　Sally和Lyndon（1996）認為一旦確認市場區隔後，就必須考慮如何針對目標市場進行正確之定位。即區隔目標是針對消費者，定位則是針對產品而言，兩者是相輔相成的關係。餐旅產品／服務定位就是必須知道目標市場上有哪些是要發展成有效的定位，行銷人員必須瞭解餐旅市場上的需求，來做好競爭品牌與產品特性等定位。簡言之，如果餐旅業者能提供沒有被滿足，但仍有需求的消費群，要做好餐旅產品／服務定位就容易多了（**圖5-3**）。

　　以王品餐飲集團為例，其市場行銷策略的十七字箴言是「客

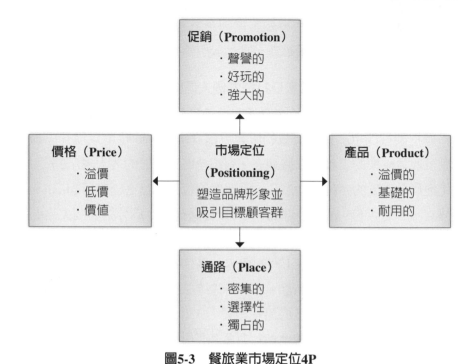

圖5-3　餐旅業市場定位4P

觀化的定位、差異化的優越性、聚焦深耕」。「客觀化的定位」是指，市場的存在必須靠數字判斷，利用理性及客觀的數據分析，而非憑空想像。以小火鍋市場為例，全台火鍋類餐廳約一萬家，小火鍋城鄉價位落在200元左右，王品餐飲集團因此成立198元的小火鍋品牌「石二鍋」。「差異化的優越性」是指，品牌經營應有別於市面上其他餐飲品牌的特色，例如大家都經營200元小火鍋店，顯得不特別，但198元單一價位的火鍋套餐反而有差異性。另外，品牌可採用高價位的食材，並提供親切而貼心的服務，但產品卻很平價，便能創造品牌的優越性，在市場中異軍突起。王品餐飲集團所採取一個品牌，一種商品的「聚焦深耕」策略，每個品牌都有一個核心商品，讓消費者知道每個品牌的招牌商品為何，以建立心中的品牌知名度與市場區隔，因此能在餐飲市場中一枝獨秀。

一、餐旅市場定位的定義

　　Trout和Ries於1972年提出「定位」的概念，指的是「企業針對目標消費者之需求提供有效的訴求，及發掘潛在的消費者，以便在其心中建立適當的形象地位」。隨後，陸續有許多相關研究針對市場定位提出不同定義。Biel（1993）認為，定位是在目標市場上建立或重新塑造一個具有品牌形象的過程與結果。Jain（1996）指出，定位是將品牌放置於目標市場當中，使產品在競爭市場中能夠具有相對的競爭優勢。國內也有許多研究提出有關市場定位的定義，例如：戴國良（2007）認為，市場定位係指企業設計公司的產品及行銷組合，期使能在消費者心目中占有一席之地，建立堅固印象。鄭紹成（2009）主張，市場定位係指設計公司的產品和形象的一系列行動，以期能在目標顧客心目中留下鮮明及良好的印象。本書將餐旅業之市場定位定義為「餐旅業針對目標顧客之需求提供有效的訴求，使業者提供之產品／服務與競爭對手產生差異化，以便在目標顧客心中建立適當的形象地位」。

二、餐旅市場定位的重要性

　　企業為了因應激烈競爭的市場環境，故提出市場定位策略以便顧客在其心中定義與記憶產品特徵，並與其進行產品屬性的溝通（Keengan et al., 1991）。因此，餐旅業為其提供之產品／服務作市場定位是很重要的，且必須與時俱進，根據不同時空背景、企業不同發展階段或競爭環境而調整其定位及競爭策略。例如：連鎖店和單一特色店的定位就很不相同，以麥當勞來說，從最早進入台灣市場時強調美國文化，到現在已轉為強調在地深耕的形象，此種轉化

也是奠定外來品牌在地化不可或缺的進程（吳秋瓊，2009）。

三、餐旅產品定位

餐旅產品定位（product positioning）是以產品為核心並彰顯該產品特性，使其在目標與潛在顧客心中建立印象與地位。即制定餐旅產品在各目標區隔市場的競爭性地位，同時配合詳細且適當的行銷組合進行銷售。根據Trout和Ries（1986）的觀點，餐旅產品定位與行銷策略的關係，應可分為下列三項：

1. 無差異化行銷（undifferentiated marketing）：餐旅業者在市場上僅推出單一產品，及使用大量配銷與大量廣告促銷方式，吸引所有的消費者。主要特點是生產、存貨、運輸及廣告行銷成本都比較經濟。
2. 差異化行銷（differentiated marketing）：餐旅業者同時選擇數個區隔市場經營，並為每一區隔市場設計及發展不同的產品／服務。主要特點是深入區隔市場、增加該市場銷售額。
3. 集中市場行銷（focus marketing）：餐旅業者選擇一個或少數幾個區隔市場集中全力經營，該行銷策略通常是在企業資源有限時使用。主要特點是集中市場行銷所產生的風險較高。

四、餐旅市場定位的步驟與方法

(一)市場定位的步驟

Aaker和Shansby（1982）提出發展市場定位策略之步驟應包含：

1.確認競爭者。

2.決定如何評估競爭者。

3.決定競爭者位置。

4.分析目標顧客。

5.選擇市場位置。

6.監控市場位置。

Kotler和Fox（1985）亦發表類似看法，認為定位策略的步驟應包括：

1.分析產品、服務在目標市場的地位。

2.選出理想的市場位置。

3.針對理想位置發展策略。

4.執行市場定位策略。

(二)市場定位的方法

企業進行市場定位的方法有很多種，餐旅業者應依據自家產品／服務的特色與優點、本身擁有的資源、顧客的反應及競爭對手的定位等因素加以考量，選擇一個有效的定位方法。以下是六種常用的定位方法（鄭紹成，2009；吳政芳，2010）：

◆產品屬性定位法（attribute positioning）

此定位法是依據餐旅業者擁有的產品特徵，且市場上其他競爭者之產品所沒有的某些特色的組合來定位，這種產品差異必須是真正的差異，同時對顧客而言是有意義的。例如：世界知名的四季飯店創立時即將自己定位為高價奢華的飯店；王品牛排館打出「只款待心目中最重要的人」口號吸引金字塔頂端的消費族群；杜拜的帆船飯店強調自己是全世界唯一的七星級飯店；北投加賀屋日式精品

溫泉旅館標榜自己是台灣第一家、也是唯一一家「純日本」溫泉度假酒店，將「女將文化」設計到服務流程中，有別於台灣其他高檔溫泉旅館。

◆利益定位法（benefit positioning）

這種定位方法是先找出對顧客有意義的一種利益，然後以此利益來定位。例如：達美樂披薩（Domino's Pizza）提供顧客外送披薩在三十分鐘內送達的服務保證，否則贈送顧客100元折價券，若超過四十五分鐘送達，則Pizza免費；王品餐飲集團奉行「三哇」哲學：即「哇！好漂亮、哇！好好吃、哇！好便宜」是王品的菜色訴求，強調讓消費者覺得物超所值。

◆使用者定位法（user positioning）

餐旅業者若能將自家產品明確定位在某個目標市場，也是一種產品定位的好方法。例如：麥當勞連鎖速食店將其顧客定位在年輕族群、青少年及兒童身上；王品餐飲集團旗下的餐廳根據所設定之消費客群定位，高價位如王品台塑牛排館設定高消費族群，如高階主管、老闆等；中價位如西堤牛排館設定上班族、中階主管等中階消費族群；平價如石二鍋則設定在平價消費族群，有學生、上班族等。日月潭的涵碧樓一開始即以經營私人會館為目標，入會資格審核相當嚴格，目的是塑造一種尊榮感，吸引金字塔頂端的消費族群。

◆用途定位法（use/application positioning）

餐旅業者以產品的用途或使用場合作為定位方法，藉此達到市場行銷的目的。例如：劍湖山世界主題樂園請藝人「阿Ken」及「納豆」當代言人，強調去遊樂園玩耍有減輕壓力及紓解筋骨痠痛等作用；星巴克連鎖咖啡廳提供顧客不同於以往咖啡廳之氣氛設計，成功地讓顧客感受深刻的咖啡文化體驗，強化了顧客對星巴克

咖啡的品牌印象，讓星巴克不僅是喝咖啡，還是販售「咖啡體驗」的地方。

◆競爭者定位法（competitor positioning）

有時候企業會將自己和知名的競爭對手相比較，並說明自己的優勢，這也是吸引顧客青睞的有效方法之一。例如：美國艾維斯租車（Avis）針對最大的租車公司赫茲公司（Hertz），提出「老二主義」的定位，廣告中強調「當你只是老二時，你會更加賣力」；在連鎖速食業，麥當勞理所當然的是全球老大，但在中國卻屈居老二，遠遠落後肯德基，爲了打擊競爭對手，麥當勞在網站上宣稱，包括肯德基在內的任何其他品牌優惠券都可以在麥當勞餐廳享受打折待遇，其對競爭者肯德基的針對性不言可喻。

◆結合定位法（conjunction positioning）

有些餐旅業可能會將自身的名稱、產品或服務，與其他已存在的實體、知名的人物或品牌印象相結合，希望透過這個知名實體或品牌的某些正面形象，轉移到自己的產品、服務或企業上，強化產品、服務或企業的正面形象。例如：王品餐飲集團以「王品台塑牛排館」爲名，開啓其連鎖餐飲王國的布局。政府或有些業者會請知名的影星或運動明星代言產品或企業形象，例如：台灣觀光局每年會邀請知名的影星（如F4、飛輪海等）擔任形象大使，藉以吸引國際觀光客；劍湖山世界主題樂園請藝人「阿Ken」及「納豆」當代言人。

五、餐旅市場行銷組合策略

(一)行銷的定義

根據美國行銷協會（American Marketing Association）（1985）所提出的行銷定義爲：「行銷是計畫與執行商品、服務與理念的具體化、定價、推廣與分配，以創造交易來滿足個體與組織的目標。」Kotler（1982）則是將行銷定義爲：「行銷是透過交易過程以滿足需要及慾求的人類活動。」方世榮（2004）認爲，「行銷是一種社會性與管理性的過程，而個人與群體可經由此過程，透過彼此創造及交換產品與價值，以滿足其需求與慾望。」

(二)市場行銷組合策略

McCarthy（1981）是最早提出市場行銷組合策略概念的學者，其理念內容包含產品（product）、價格（price）、推廣（promotion）和通路（place），通常稱爲行銷4P，是最具代表性、也是最常被廣泛使用的行銷組合策略。後來，陸續發展出來的相關行銷策略，皆是從這4P變化及衍生出來的行銷組合。例如：Boone（1985）亦將行銷組合策略界定爲4P，但以「計畫」（program）取代「產品」（product）這一項，以符合學校教育的實際內涵。Gary（1991）認爲，應增加「人員」（people）策略，使得行銷組合策略包含5P。國內學者戴國良（2007）提到，行銷組合是行銷作業的核心，它是由傳統行銷4P等四個主軸所形成，並指出有些人將行銷4P擴張爲服務業行銷8P及1S，即分別增加人員銷售（personal sales）、公共事務（public relationship）、現場環境（physical Environment）、服務流

程（process）及售後服務（service）。另外，曾柔鶯（2008）提到，行銷組合由4P到8P之架構過程，以4P爲基礎衍生出來的尚有各類學說，如5P：第5P爲包裝（packaging）；6P是指4P加上力量（power）及公共關係（public relationship）；另有服務業適用的7P，即4P加上人員（personnel）、實體設備（physical facilities）及流程管理（process management）；而8P，則是上述7P加上理念（philosophy）行銷策略。

(三)餐旅業行銷組合策略

任何產業，尤其是餐旅業行銷的第一個步驟是「做好準備」，因爲行銷的目的是要吸引顧客上門，萬一服務及產品準備不足，往往會形成反宣傳。除了服務要做好，也要有時間性。例如：餐旅業的尖峰、離峰時段及淡旺季相當明顯，可考慮利用離峰或淡季等營業額較低的時段進行促銷，既可有效提升整體業績，又可吸引新的顧客群，對餐旅業者平衡供需、產能及人力調配也有很大的幫助。

服務真諦——四季飯店奢華服務　半世紀不變

　　想泡澡的時候，家裡的浴缸需要多久時間才能裝滿熱水？晚上起床上廁所時，按下馬桶的沖水桿，家裡的人會不會被吵醒？這些問題你或許沒有想過，但是，入住四季飯店（Four Seasons Hotels and Resorts），飯店早就幫你想好了。針對浴缸需要多久時間才能裝滿熱水這個問題，四季飯店認為，當房客想要泡澡時，不會希望等太久，因此飯店持續改進控制水龍頭流量的方法，以確定需要時，浴缸很快就可以裝滿水。結果，以紐約的四季飯店為例，一晚要價1,000美元的房間，擁有超大型浴缸，但是只需六十秒就可以放滿洗澡水。

小地方　統統精心設計

　　除了浴缸之外，安靜無聲的馬桶、手濕濕的也可以輕易打開的洗髮精瓶身，全部都是四季飯店精心思考設計過的。「企業思考事情時，必須更像個設計者，而不只是執行者。」多倫多管理學院院長馬汀去年11月接受《加拿大商業雙月刊》訪問時指出。馬汀解釋，一家公司想要在擁擠不堪的市場中脫穎而出，答案其實很簡單，就是要提升產品的設計。他舉了四季飯店的例子說明，過去要在飯店業出頭，通常都以大取勝，包括更大的房間、更大的床、更大的游泳池等。但是，現在的房客想要的是個人化的美好經驗。四季飯店之所以能在競爭激烈的市場中勝出，就是因為公司滿足了顧客的這個需求。美國《商業周刊》也分析，有價值的知名品牌，加上管理團隊的聰明決策，讓四季飯店在高價位的飯店市場中居於領

導地位。目前四季飯店在全球三十一國，總共擁有七十三家連鎖飯店，另外還有二十五家正在興建當中。

高價位飯店的領導者

第一家四季飯店1961年在多倫多市中心開幕，當時只不過是一家小旅館。然而，因為就座落在加拿大廣播公司的對面，絕佳的地點加上公司從一開始就定位在高價奢華，因此獲得許多上廣播公司節目的名人青睞，飯店的酒吧常常坐滿明星以及隨之而來的記者。創立四十多年來，四季飯店現今的董事長兼執行長，仍然是創辦人夏普，同樣沒變的，還有產品的市場定位。

《紐約時報》分析，四季飯店創立時的原始概念：打造重視服務與奢華感的中等規模飯店，在近半個世紀之後，仍然維持不變。例如，四季飯店的房間平均比一般飯店大。公司接手管理巴黎的喬治五世飯店時，就將原本的三百個房間，重新施工減為二百四十五間，以拉大每個房間的空間。《富比世雜誌》曾經形容：「1993年四季飯店開幕時，紐約從來沒有看過這樣子的飯店。」紐約的高價飯店一向都很傳統，充滿了繁複的裝飾，四季飯店的設計由知名建築師貝聿銘領軍，後現代風吹來陣陣的新鮮感。四季飯店的這股奢華風可望繼續維持下去。去年底，夏普對外宣布打算將飯店轉為私營，他背後的金主包括全球首富蓋茲，以及全球排名第八的富豪阿拉伯王子Alwaleed BinTalal Alsaud。

奢華應該是在服務上面

不過，如同最近流行的一首新歌所說：「我要L.O.V.E.，不能只有L.V.。」四季飯店瞭解，比起昂貴的設施，房客更在乎的是貼心的服務。夏普在四季飯店的網站上表示：「公司創立不久，我們

就決定把重點放在：重新定義奢華應該是呈現在服務面。這一點成為我們的競爭優勢。」四季飯店的奢華級服務，包括每天清理房間兩次、為遺失行李的房客提供必用品、打點穿著。如果因為航空公司作業疏失等原因，房客遺失或一時沒有辦法拿到行李，可以請求飯店提供「你不需要帶行李」服務。飯店會免費為房客補足一些旅行中的必備用品。如果是出差的房客，明天一大早就要出席重要會議，準備好要穿的西裝和領帶等行頭，卻不知道還在哪個機場的行李堆中，四季飯店會透過合作的服飾零售店，出借房客合身的正式服裝應急。

談到服務觀，四季飯店總裁漢斯特在公司網站上指出：「『時間才是我們的服務對象』，這個概念從來沒有比放在現在的時空更加貼切。」他認為，無論是商務客或度假客，對他們來說，時間都非常寶貴，因此四季飯店提供多元的客房服務，儘量替房客省時間。例如，在房客提出要求之後，飯店會在一小時內熨好衣服、四小時內完成乾洗，而且二十四小時全天候待命。

二十四小時 貼心服務

此外，為了讓房客用餐時能夠同時看電視、上網、看報紙，可以在客房內使用的飲食應有盡有，包括全套的創意素食菜單、家常菜菜單，供長期在外出差，吃膩了大魚大肉的房客選擇。飯店也針對商務客提供各種服務和設施。如果事先要求，飯店會將健身器材搬到房間裡，供房客使用，相同地，也視房客需求，提供小型會議室、電腦數位器材、翻譯或口譯人員等。對於度假型房客，飯店也絞盡腦汁讓他們能夠盡情的享受。一般來說，全家人度假，父母必須花許多時間照顧小孩。為了讓父母能好好享受假期，四季飯店

設有兒童錄影帶圖書館等，且有專人照顧的服務。如果事先要求，飯店還會提供不流淚配方的兒童洗髮精、可以在房間裡玩的電動玩具、供小孩上床前的食用的熱牛奶和巧克力餅乾。

　　總而言之，四季飯店就是要把每個細節都做對，成為房客最佳的支援系統。四年前接受《加拿大商業》雙月刊訪問時，夏普說：「我們從來不曾以價格競爭來贏得房客。」四季飯店追求的是，給房客其他飯店無法提供的經驗，套用多倫多管理學院院長馬汀的話，就是提供房客「個人化的美好經驗」。

資料來源：《經濟日報》（2007/02/05）／摘自《EMBA世界經理文摘》，第
　　　　　246期。

第六章
餐旅行銷策略與規劃

- 餐旅行銷策略規劃定義與目的
- 行銷策略規劃階段
- 公司層級的策略決策
- 行銷4P與4C理論
- 個案分享

策略是著重情報蒐集與分析,計畫則依策略規劃(strategic planning)的執行手段,《孫子兵法》說:「知己知彼,百戰不殆,不知彼而知己,一勝一負,不知彼不知己,每戰必殆。」孫子用簡單、明瞭的說明指出知與戰的關係,它包括了敵我雙方各種客觀條件的瞭解程度,左右戰爭勝負的重要關鍵,是歷代兵家必須遵循的指導原則,同時也適用現代商業戰爭。例如,三國時代孔明著名的「隆中對之三分天下」的謀略,清楚分析當時大環境局勢,為劉備規劃種種戰略,打下立國基礎,之後更與孫權聯盟共抗北方的曹操,於赤壁之戰後形成三國鼎立。策略具有指導內部重大資源分配的功能,每一個企業對於資源運用的方式不盡相同,端看企業資源的分配方式,便大致瞭解企業的策略重點。故本章主要介紹餐旅行銷策略規劃定義與目的,進而分享行銷策略規劃階段及說明行銷4P與4C理論,最後是個案分享。

第一節　餐旅行銷策略規劃定義與目的

餐旅行銷策略規劃對行銷管理活動而言,是一種承先啟後的過程,其乃以市場的需求為依據,並結合餐旅業者的營運目標,以制定公司的營運方針,與未來的發展方向;行銷策略規劃另一個重要理念為「綜效」(synergy),所謂「綜效」即是由於航空公司經營兩種不同以上的業務,而使得其淨效益值大為提高的情形。例如某航空公司經營商務旅次及休閒旅次兩種市場,因此航空公司對飛行班機的調度,在平常日時將班次集中於商務旅次的市場,在週末假日時則將班次集中於休閒旅次的市場,如此在有限的資源下提高其資產的有效利用,即是所謂的「綜效」。

一、策略規劃之定義與目的

　　策略規劃是一套決策及行動，用來形成策略及執行策略，使組織與外部環境能做適當的配合，並將組織內部資源做最有效率的配置，以達成組織目標。簡單的說，策略規劃就是策略與外部環境、內部資源及組織目標間的三角關係，如**圖6-1**所示。

　　策略規劃在於──做對的事情（Do the right thing rather than do the thing right）。我們可以用下列十分通用的話形容策略的作用：

　　・瞭解企業現在是什麼樣子？
　　・競爭對手又是什麼樣子？
　　・目前這樣子能否在市場上繼續生存下去？
　　・那將來想變成什麼樣子？

　　今天應採取什麼策略，才可以從今天的樣子變成未來理想的樣？例如：

★主題一：飯店業的產業現況與未來發展趨勢為何？

　　由於看好國民所得與生活水準不斷的提升，以及種種因素的影響下，飯店業者面臨需求變動不穩定以及不斷增加的競爭壓力，一

圖6-1　策略規劃的內涵

般觀光旅館業者因其規模較小、經營較不易而導致其整體效率難以提升，因此如果管理者無法敏銳的洞察市場，並且在經營方針及策略做適當的調整，則必將難逃衰退、失敗之命運。

★主題二：旅館會有淡旺季與離尖峰時段的情形

　　例如，商務旅館的淡季往往在7月初到9月中，旅館業者如何調整其供需使供需達到平衡？由於旅館業之供需管理以管理供給和管理需求兩方面為其主要考量因應策略，例如應如何避免因淡旺季而導致的供需失調，餐旅業者使用何策略來避免此種問題。

二、策略規劃之流程

　　策略規劃就是發展並維持某種策略以迎合組織目標、組織能力以及行銷機會的改變的一種過程。主要目的為發展一套因應環境與競爭，且能達成組織使命的行動準則。此外，不同層級必須進行該層級的策略規劃。行銷策略規劃（marketing strategic planning）是指出行銷活動的重點，決定行銷資源如何分配。其餐旅策略規劃之流程如圖6-2，以下將說明其流程步驟。

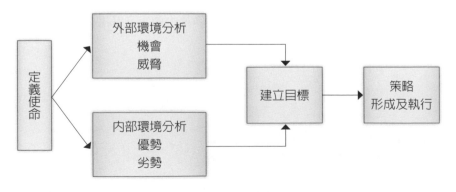

圖6-2　餐旅策略規劃之流程

(一)界定公司使命

使命（mission）是一個組織存在的理由，用來描述組織的價值觀、未來的方向及存在的責任。關於公司使命之陳述，我國企業大都以經營理念來表示，一個有意義的公司使命陳述，應包括下列項目：

1.清楚陳述公司的目標。
2.清楚陳述公司的政策。
3.清楚陳述公司的經營範疇。
4.清楚陳述公司的未來願景。

(二)內、外部環境分析

依據「環境策略組織結構」，企業定義使命後，必須從事「情境分析」（situation analysis）：強勢、弱勢、機會及威脅之SWOT分析。

內部環境分析（優勢及弱勢）有助於企業瞭解自己的優點及缺點，從資源基礎觀點評估自己是否擁有核心競爭力。

外部環境分析（機會與威脅）有助於企業瞭解外部環境（國際、國內及產業環境）的變化，尤其是產業結構的改變，更是企業應該特別注意的。

(三)建立公司目標

當企業定義好使命後，接下來就可以設立目標及計畫；如果一個企業缺乏一個詳細及清楚的使命，就很難設定明確的目標，且無法知道未來要執行哪些計畫。

目標（goal）係指企業實現某些事情的一種陳述，例如：提高市場占有率及提高獲利率等。計畫（plan）則是為了達成目標，從事資源配置、安排進度及行動的藍圖（blueprint）。目標及計畫一般可以分成三個層次：

◆策略性目標／計畫（strategic goals/plans）

主要是針對高階主管，是以整個組織為考量，故範圍較廣，例如在不裁員及提高服務品質之下，投資報酬率維持20%，市場成長率維持10%。

◆戰術性目標計畫（tactical goals/plans）

主要是針對部門的主管，屬組織的中階主管，是為了達成及配合策略性目標／計畫為考量，例如為了達成上述公司20%的投資報酬率及10%的市場成長率，行銷部門必須訂出下列目標及計畫：銷售一百萬台的產品、增加新產品線、拓展新市場及增加銷售據點；而製造部門則可能訂出下列目標及計畫：不良率下降到3%以下、生產力提高3%及生產成本下降5%。

◆作業性目標／計畫（operational goals/plans）

主要是針對低階之幹部、工作團隊及員工，目的是在配合及支援戰術性計畫。例如：第一區的銷售經理要求銷售人員在一個小時內要回應顧客的要求、每一個銷售人員分配銷售量配額、銷售人員每一天要拜訪一個新客戶、每個月要以電話或e-mail與大客戶聯絡及每兩個月要與小客戶聯繫等。

一般而言，設定目標必須符合下列原則：

1. 明確及可衡量：例如增加獲利率2%、減少不良率1%，避免使用模糊的目標。

2.具挑戰性並顧及能力：目標必須具有挑戰性，但必須要考慮
是否爲能力所及，否則永遠只是在挑戰不可能的任務。

3.明定詳細的時間：要有詳細的時間表，例如半年內提高市場
占有率1%，一年內提高到2%。

4.與員工的薪資報酬結合：若員工達成目標，則可以提高薪資
及升遷，則目標達成的可能性將可提高。

(四)策略形成及執行

策略是指爲了要達成組織目標，將企業內部之資源做配置後，
所採取之一些行動。組織內部不同的層級，會有不同的策略型態，
例如在行銷功能的層級，包括產品策略、定價策略、推廣策略及配
銷策略等。

最後，行銷計畫形成及經核定之後，就必須執行，許多企業就
因爲執行力不佳，而使行銷計畫功敗垂成。行銷經理在執行行銷計
畫時必須協調人員、資源及行動，才能使行銷計畫順利執行。

 # 第二節　行銷策略規劃階段

一、行銷策略規劃階段

一般而言，行銷包括三階段，首先爲環境分析階段
（environmental scanning），其次爲行銷策略規劃階段（marketing
strategy），最後爲行銷組合階段（marketing mix）。茲將介紹行銷
策略分析（marketing strategy），即是行銷學上常稱STP流程（STP

Process），其中S為「市場區隔化」（segmentation），T為「選擇目標市場」（market targeting），P為「市場定位」（positioning）（科技產業資訊室，2006）。

(一)市場區隔化（S）

市場區隔可以減少許多浪費，進而提升企業利潤，市場區隔要確認區隔化變數、區隔市場，並描述各場區隔的輪廓，其步驟如下：

Step 1（調查階段）：蒐集並挖掘消費者有關動機、態度、行為。很多餐旅行業的主打訴求可以看出這樣的想法：

- ・中華航空→以客為尊
- ・聯合航空→您就是老闆
- ・Burger King→隨您所欲

Step 2（分析階段）：將所蒐集的資料利用統計方法集群不同區隔之群體，如預測餐旅業未來趨勢的統計分析方法為德菲法（Delphi）、情境分析（Scenario）及趨勢分析（Trend Analysis）。

Step 3（剖析階段）：依不同變數和人口統計變數、消費行為、態度等不同特徵給予剖析。

(二)選擇目標市場（T）

依企業主本身之特色與利基，進而評估每一區隔的吸引力並選擇目標市場，其步驟如下：

Step 1：首先行銷者必須對這些區隔，就其規模大小、成長、獲利、未來發展性等構面加以評估。

Step 2：其次考量公司本身的資源條件與既定目標，從中選擇

適切的區隔作為目標市場。

(三)市場定位（P）

市場定位的重點在於以顧客為導向，必須瞭解顧客心中要什麼，我們能替他們做什麼，而不再是像以前只重視產品而已。為每一目標區隔發展定位之步驟如下：

Step 1：找出可能的潛在競爭優勢來源。
Step 2：選擇競爭優勢。
Step 3：發出競爭優勢的訊息。

綜合上述，行銷策略規劃階段的完成是以有沒有找到企業本身的產品與服務之利基或獨特性為主，因此最終市場定位的釐清與擬定為本階段重要查核工作。

二、餐旅行銷之規劃考慮因素

當前台灣的餐旅業主紛紛將其事業版圖延伸至中國大陸或海外，故有關的國際餐旅行銷之規劃與評估亦為重要議題。要進入國際餐旅市場其要考慮的因素甚多，主要的因素如**表6-1**所示。瞭解國際市場環境後，公司應先設定其國際行銷的目標及政策。第一，企業需決定其海外營收應占總營業額多大的比例；第二，企業需決定其要在少數國家或多數國家進行行銷活動。最後，企業必須決定其所要拓展市場的國家類型。此外，可能的國際市場可依據若干標準加以評估，例如：

1.市場規模。
2.市場成長。

3.營運成本。

4.競爭優勢。

5.風險大小。

企業亦可利用**表6-1**所示的評核指標，加以評估各市場潛力，而後企業主必須決定哪個市場所提供的長期投資報酬率最大。

表6-1　市場潛力之指標

人口特性	技術因素
人口的多寡 人口的成長率 都市化的程度 人口密度 人口的年齡結構及組織	技術水準 目前的生產技術 目前的消費狀況 教育水準
地理特性	社會文化因素
國家的面積 地形的特性 氣候條件	價值觀 生活型態 種族群體 語言分歧
經濟因素	國家的目標和計畫
每人國民生產毛額 所得分配 GNP的成長比例 GNP的投資比率	產業優先程度 內層結構程度的投資計畫

資料來源：Susan P. Douglas, C. Samuel Craig, and Warren Keegan (1982). Approachces to Assessing International Marketing Opportunities for Small and Medium-Sized Business, *Columbia Journal of World Business*, Fall, 26-32.

第三節 公司層級的策略決策

不同層級必須進行該層級的策略規劃。一般而言,公司層級的策略決策包括下列活動:(1)界定公司的經營使命與願景;(2)建立策略事業單位（Strategic Business Units, SBU）;(3)策略事業單位之績效評估;(4)建立新策略事業單位與縮減策略事業單位。

一、建立策略事業單位

集團企業可依據產品、誰是我們的顧客及顧客需要什麼等指標,將集團旗下之企業,分割成幾個獨立的利潤中心,每個利潤中心就是一個SBU。每個SBU有下列特色:

1.它是一個獨立的作戰單位,需要一定的資源。
2.它有自己的競爭者,並針對競爭者採取適當之競爭策略。
3.它是一個獨立的利潤中心,有專責之經理人負責盈虧。

高		
產業成長率	明星	問題
	金牛	落水狗
低		

圖6-3　相對市場占有率

二、GE模式

　　GE模式是由奇異公司（General Electric）最先採用，可用來評估每個SBU之表現，模式中橫軸代表企業優勢（business strength），縱軸代表市場吸引力（market attractiveness）。

　　市場吸引力的變數，代表著該產業未來的發展前景。企業優勢的變數，代表著該企業擁有之組織能力。

　　GE模式共可區分成九個方格，若SBU位於左上角的三塊方格，代表著該SBU具有潛力，可以繼續增加投資。若SBU位於右下角的三塊方格，代表著該SBU不具任何潛力，可以考慮收割及撤資。

三、新策略事業單位之建立

　　企業集團在評估每個SBU之表現後，除了應將表現不佳之SBU考慮撤除外，也應考慮企業之未來成長，成立新的SBU。

　　企業成長的機會，可採密集式成長（intensive growth）、整合式成長（integrative growth）及多角化成長（diversification growth）等方式，如圖6-4所示。

　　密集式成長是指在產品（現有或新開發）與市場（現有或新開發）兩構面做選擇，依據Ansoff（1957）之「產品—市場成長矩陣」，密集式成長主要有：市場滲透（market penetration）、市場開發（market development）、產品開發（product develop）及多角化（diversification），如圖6-5所示。

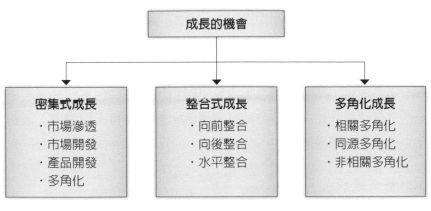

圖6-4　企業成長策略

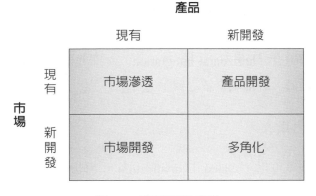

圖6-5　產品市場成長

公司層級的策略決策可分為密集式成長、整合式成長及多角化成長，說明如下：

(一)密集式成長

1.市場滲透：即以現有之產品，在現有市場中，繼續深耕該市場，增加市場占有率及增加產品使用率，亦為「把餅做大」。

2.市場開發：即以現有之產品，打入新市場，擴張新銷售地區

或顧客群,尋找新市場區隔,如進軍大陸等。

3.產品開發:即在現有市場中,開發新一代產品、修改產品及增加產品特色,如7-11開發御飯糰。

4.多角化:即以不同產品滿足不同市場;亦為企業成長過程由專注單一產業,為分散經營風險,或增強自己競爭力,而跨多種產業經營。

(二)整合式成長

1.向前整合(forward integration):即收購下游廠商或通路,以提高企業之競爭力。

2.向後整合(backward integration):即收購上游廠商,以提高企業之競爭力。

3.水平整合(horizontal integration):即收購該產業中性質相同之廠商,以提高企業之競爭力。

(三)多角化成長

1.相關多角化(related diversification):即進入一個與該企業市場及產品有相關的產業,新產品與原有產品可共同使用生產設備與技術等資源,產生綜效。

2.同源多角化(concentric diversification):即進入一個與該企業之市場相同但產品完全不同的產業,其目的是吸引原有顧客購買新產品。

3.非相關多角化(unrelated diversification):即進入一個與該企業之市場及產品完全不同的產業,其目的是以多角化的經營方式,來降低營運風險。例如:正豐化學公司購併超群西餅;太平洋電信電纜購併美國的銀行。

四、事業部層級的策略決策

(一)競爭優勢的來源

　　每個事業部在從事內部環境分析時，必須評估本身是否具有「核心競爭力」（core competence）。因為想擁有核心競爭力，則企業的資源必須符合下列條件，才能擁有持續的競爭優勢。

1. 具稀少性（rare）：即該資源非常的稀少，不容易或無法透過市場交易來取得。
2. 具價值（valuable）：即該資源具有市場上之商業價值，可為企業創造利潤。
3. 很難模仿（in-imitate）：即資源具有模糊性（tacit）、複雜性、不易被偷學、不易被模仿及不易被複製。

(二)競爭策略的形成

　　Porter認為企業瞭解自己競爭地位後，可採用下列三種策略與競爭者對抗，即差異化（differentiation）、成本領導（cost leadership）和集中（focus）等三種策略，如圖6-6所示。

五、行銷功能層級的策略決策

　　行銷功能層級的策略行銷程序（strategic marketing process），主要活動包括下列六項活動，如圖6-7所示。

1. 確認及評估機會。

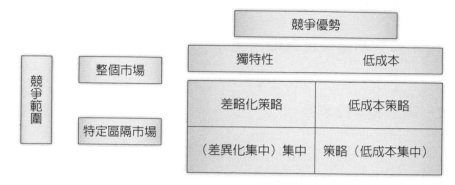

圖6-6　Porter的原型競爭策略

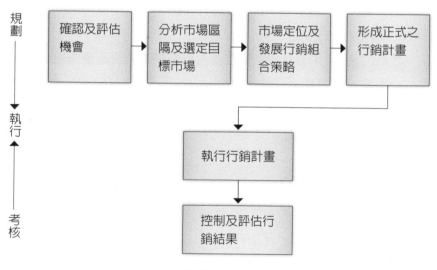

圖6-7　策略行銷決策程序

2.分析市場區隔及選定目標市場。

3.市場定位及發展行銷組合策略。

4.形成正式之行銷計畫。

5.執行行銷計畫。

6.控制及評估行銷結果。

第四節　行銷4P與4C理論

　　4P，即產品（product）、通路（place）、價格（price）、促銷（promotion），以及它們的組合。4P理論仍然是企業行銷活動的基礎框架，進一步扎實做好產品技術、品質、成本、服務等基礎性工作。但是對於情況複雜的現代行銷管理，4P稍顯微弱，故90年代，Booms和Bitner在4P的基礎上發展了7P模型，使之更適用服務業和知識密集型產業，增加的3P是：人員（people）、流程（process）、實體（physical）。1990年，羅伯特‧勞特朋（Robert Lauteerborn）提出了4C理論，向4P理論發起挑戰，他認為在行銷時需持有的理念應是「請注意消費者」而不是傳統的「消費者請注意」。在4C的行銷理論基礎上，整合行銷正在成為行銷人員的新寵，它把廣告、公關、促銷、消費者購買行為乃至員工溝通等曾被認為相互獨立的因素，看成一個整體，進行重新組合。吸收4C理論的先進理念，建立客戶檔案資料庫，與顧客建立起一種互助、互求、互需的關係。在競爭性市場中，顧客具有動態性，顧客忠誠度是變化的，他們會轉移到其他的企業，要提高顧客的忠誠度、贏得長期而穩定的市場，就需要企業把以消費者為中心作為一個系統思想來認識，把它貫徹到產品開發、定價策略、銷售管道設計等企業經營的諸多環節，與消費者建立一種一對一的互動式的行銷關係。實現這種互動的前提是建立客戶檔案，記錄客戶的基本資料，大力運用新媒體、新技術傳播工具。

一、4C理論定義

4C，即消費者的需求與慾望（consumer needs and wants）、消費者願意付出的成本（cost）、購買商品的便利（convenience）、溝通（communication）。

1. 消費者的需求與慾望：把產品先擱到一邊，趕緊研究消費者的需求與慾望，不要再賣你能製造的產品，而要賣某人確定想要買的產品。
2. 消費者願意付出的成本：暫時忘掉定價策略，趕快去瞭解消費者要滿足其需要與慾望所必須付出的成本。
3. 購買商品的便利：忘掉通路策略，應當思考如何給消費者方便以購得商品。
4. 溝通：最後請忘掉促銷，90年代以後的正確新詞彙應該是「溝通」。

4C理論的提出引起了行銷傳播界及工商界的極大反響，從而也成為整合行銷理論的核心。4C主要特點為以顧客需求為導向，但顧客需求有個合理性問題，如果企業只是被動適用顧客的需求，必然會付出巨大的成本，根據市場的發展，應該尋求在企業與顧客之間建立一種更主動的關係。

二、4P理論與4C理論的區別

4P理論與4C理論的區別非常明顯，概括起來，兩者的區別表現為下述方面（李士福，2013，創業資訊網）：

1. 從導向來看，4P理論提出的是自上而下的運行原則，重視產品導向而非消費者導向；4C理論以「請注意消費者」爲座右銘，強調消費者爲導向。

2. 從行銷組合的基礎來看，4P理論是以產品策略爲基礎，製造商決定製造某一產品後，乃設定一個彌補成本又能賺到最大利潤的價格，且經由其掌控的配銷管道，將產品陳列在貨架上，並大大方方地加以促銷；4C理論是以傳播和良好的雙向溝通爲基礎，通過雙向溝通和消費者建立長久一對一關聯性。

3. 從宣傳上看，4P理論注重宣傳的主要是產品知識，即產品的特性和功能，強調的是產品自有的特點；4C理論注重品種資源的整合，注重宣傳企業形象和建立品牌，把品牌的塑造建立作爲企業市場行銷的核心。

4. 從傳播來看，4P理論的傳播媒介是大眾取向且單向；4C理論其傳播是雙向的，選擇媒體「細」而且「多」，要加關注「小眾媒體」。

三、4P理論的優劣

毫無疑問，4P理論的貢獻是巨大的，它的出現一方面使市場行銷理論有了體系感，另一方面它使複雜的現象和理論簡化，從而促進了市場行銷理論的普及和應用。然而，隨著時代的發展、環境的變化，4P理論的不足也越來越明顯，其具體表現可以歸納如下：

1. 科特勒在1986年提出了大市場行銷概念，將4P擴展爲6P；布莫斯和比特在研究服務行銷的，加入人員、實體和流程，擴展爲7P；以至最多時加到12P，這種不斷往上加P的現象本身說明，4P理論是不足以涵蓋所有行業控制所有行銷變數，

不同產品或行業的行銷活動可以利用的可控因素並不是相同的。

2.4P理論是研究製造業中消費者的行銷活動而發明的，在指導製造業中消費品的行銷活動時較爲適用，一旦超出這個領域，指導和應用於其他領域或行業，如零售業、金融業、公共事業就顯得不太適應，像零售企業中的一些非常重要的可控因素，如採購、企業形象，用4P理論顯然不能得到應有的突出。再者，零售企業的產品較難按照4P理論中的產品來理解。實際上，商業企業的行銷因素與工業企業具有很大的不同，因此，這些情況說明一個簡單的要素清單是不足以涵蓋所有的行銷變數，也不可能對任何情況都適用。4P理論需要一定的修正，但直至現在眞正具創造性、令人信服的修改還沒有發現。

四、4C理論的優劣

4C理論是在新的行銷環境下產生的，它以消費者需求爲導向，與產品導向的4P相比，4C有了很大的進步和發展，但從企業的實際應用和市場發展趨勢看，4C理論依然存在不足，其具體表現可以歸納如下：

1.4C理論以消費者爲導向，著重尋找消費需求，滿足消費者需求。而市場經濟還存在競爭導向，企業不僅要看到需求，而且還需要更多地注意到競爭對手，冷靜分析自身在競爭中的優劣勢並採取相應的策略，才能在激烈的市場競爭中立於不敗之地。這顯然與市場環境的發展所提出的要求有一定的差距。

2.4C以消費者需求爲導向，但消費者需求有個合理性問題。消

費者總是希望品質好、價格低，特別在價格上要求是無界限的，如果企業只得到滿足消費者需求的一面，企業必然付出更大的成本，久而久之，必然會影響企業的持續發展。所以從長遠看，企業經營要遵循Win-Win原則，怎樣將滿足消費者的需求與企業利潤較好地結合起來，這是4C需要進一步解決的問題。

3. 雖然4C理論的思路和出發點都是滿足消費者需求，但它沒有提出解決滿足消費者需求的操作性問題，如提供集成解決方案、快速反應等，使企業難以操作、掌握和普及。

4. 產品、價格、行銷手段日趨同質化，互相模仿是目前國內企業行銷活動的特徵。4C理論已被企業關注，企業已把塑造、提升企業的品牌融入到企業行銷策略和行為中，在一定程度上推動了企業行銷活動的發展和進步，但如果不能形成品牌的差異，即個性、特色、差異優勢，國內企業的行銷又只會在新的層級上同一化，不同企業至多是個程度的差距問題，仍然解決不了當前企業所面臨的行銷問題。

5. 4C總體上雖是4P的活化和發展，但被動適應消費者需求的特色較重。根據市場的發展，參與競爭的企業不僅要積極適應周圍的環境，而且在某種狀況下，應創造環境，大市場行銷理論的提出，也說明了這點。

五、餐旅行銷策略

行銷與推銷是不同的，兩者核心能量與相關人員人格特質亦有所差異，一個強調思考與規劃，一個強調活力與執行，一個在上游（後方）運籌帷幄，一個在下游（前方）與顧客搏感情。行銷（marketing）就是找到市場（若沒有市場就要想辦法創造市場），

並且擬定產品與服務賣給市場上客戶以換取金錢的策略規劃過程。此外，行銷屬於規劃力一環，因此常牽涉到一系列之邏輯分析，換言之，理性思考與分析乃是行銷規劃不可或缺的要素。因此故行銷規劃需要有策略才能整合兩者，從上游至下游除了要運籌帷幄，還要跟顧客搏感情。餐旅行銷策略與規劃的另一重點為「品牌經營行銷」、網路「直效行銷」，以及「事件行銷」和「簡單策略行銷」等。

在王品集團，你不要擔心你的領導才幹無用武之地。早在2002年，王品集團就開始大力實施內部創業計畫，希望每年由集團支援、高層幹部參與創立兩個新的品牌。王品集團設定的遠景目標是：在未來三十年裡，擁有六十個餐飲品牌和一萬家店。王品集團認為，獅子王有領導力，因此鼓勵有領導力的人做獅子王，如果有好的創業點子，那就可以帶領一個團隊創立新的品牌，為集團開枝散葉。「『獅王計畫』的核心就是你必須創立一個新品牌，你才可能成為這個新品牌總經理，否則只能被指派為品牌副總。」趙廣豐說，在王品集團，因為創立了一個新品牌而被委任為總經理，被從營運單位或者集團總部提拔的人很多。這也是為何王品集團能夠在餐飲業上屹立不搖的重要行銷手法。

(一)事件行銷

達到廣泛的報導以及消費者的熱烈參與就算成功。而事件可與當時的潮流、新聞做結合以達到更大效果。例如開一家蛋糕店，在開幕當天若要一炮而紅，可以創造一個與產品或品牌相關的事件。像「排隊」本身即是引人注目的事件。

(二)直效行銷

　　是風險與成本較低的行銷方式，利用寄送產品店鋪訊息、折價券、生日卡等，對消費者進行一對一的行銷。雖然直效行銷的成功率僅約2%，但在王品牛排，顧客拿著折價券到店面消費的金額，平均占總體營業額的40%。可見只要產品服務夠好、瞭解顧客心態，就能以適時調整商品與優惠的方式留住顧客。

　　「簡單策略行銷」，管理單純化，領導人性化，簡單才真正有福；單純才有真正快樂，正也是行銷的重要概念。「簡單策略行銷」其實很簡單，那就是善待員工，讓員工相信的工作是有價值的，且感到成就感；員工樂在工作，只有快樂的員工，才能把工作做得很棒；進而顧客才能在快樂的環境氛圍中得到最好的服務，簡單是「平中有奇，簡中帶智」的良好行銷策略。

懂得行銷手法——不用花很多錢，消費者也感到很窩心喔！

　　整合行銷，為了要有效地將產品、服務、企業形象的訊息傳達到消費者面前，行銷人員就要妥善地運用傳播溝通管理，使其發揮說服力以爭取顧客進行消費。對餐飲業品牌建立的重要性不容忽視。談到餐飲業品牌的建立，王品集團形象總監高端訓認為，最大的限制在財力。許多餐飲業者起家時，無法投下大筆資金打廣告，因此如何以整合行銷的概念，善用各種可能的方式，多面向提高大眾的消費意願，並進而建立顧客忠誠度，是餐飲業建立品牌的唯一途徑。

　　「包裝」是常被忽略的影響力。高端訓認為，包裝其實比廣告重要，因為消費者最終記得的是包裝而不是廣告，廣告每年都在變，但包裝影響產品「一輩子」，卻往往被企業經營者忽略。

　　網路「直效行銷」是另一利器，不但可自動蒐集消費者資料、長期降低宣傳費用，更可針對小眾進行宣傳，亞馬遜就是以網路直效行銷建立全球品牌的例子。再如一些基金公司的網站，不斷針對特定族群推出促銷活動，如「當月壽星手續費全免」等。高端訓強調，在網路時代，直效行銷常可以小兵立大功。

　　王品集團也擅長以「事件行銷」提高品牌能見度。例如王品台塑牛排十週年慶當天，消費者只要拿朵玫瑰來祝福，就能免費享用餐點，這項活動引起很大的回響。當天王品總計收到十萬朵玫瑰，吸引來七部電視台的SNG轉播車現場報導，估計王品那天賺到了相當於一億八百萬元廣告費用的新聞時段，而且此種新聞報導比廣告更具說服力。

如果要找出王品集團品牌確立的日子，高端訓認為就是那天。他表示，從那個活動開始王品集團開始被消費者接受。這個事件行銷活動讓消費者感覺很新鮮、很有趣，也讓他們瞭解：雖然王品已經有一、二十年的歷史，其實還很年輕、很願意與消費者互動。

高端訓表示，這個事件行銷也讓王品學到很多寶貴的行銷經驗，比如深刻體會必須不斷與消費者互動、對話，融入民眾的生活，才能產生更持久的正面回應。因此，王品設計了許多接續性的事件行銷活動，例如求婚記活動，替一個客人辦結婚派對，租了一部宮廷式的馬車，讓那位客人感到尊貴與王品的用心。王品也透過一些公益活動創造話題，例如一人一書送蘭嶼、西堤的十元餐具。

高端訓強調，「王品不只是在經營一個餐廳，而是在經營一個品牌！」這也是餐飲業者應有的體認。

資料來源：《經濟日報》（2006/07/18）。

第七章
餐旅業行銷資訊系統

- 餐旅業行銷資訊系統的重要性
- 餐旅業行銷資訊系統的內容
- 餐旅業電子化行銷
- 個案分享

隨著資訊科技（Information Technology, IT）的蓬勃發展，不僅為人類帶來了生活上的便利，也創造了電子商務（E-commerce）的無限商機。根據台灣資訊工業策進會FIND網站（2010）的調查資料顯示，2009年電子商務市場規模高達9.9兆元，比2008年增加七千多億元，與消費者有關的B2C市場規模已經超過新台幣2,000億元，成長幅度高達21.9%，預估至2013年將可達新台幣3,313億元。另外，台灣網路商店已超過兩萬五千家，且正在持續成長中。可見企業藉由E化手段進行虛實整合，已成為一種時代趨勢。Kasavana和Cahill（2007）指出，餐旅業在電子商務最初的應用，可追溯至旅行社所接收到的第一筆電子訂房，再透過電報或傳真將該訂單傳送至旅館完成此筆交易。未來餐旅業電子商務的應用不只侷限在旅館訂房的功能，將持續產生許多新興的電子商務應用，改變許多旅行社及旅館的經營模式，促使旅遊商品成為B2C電子商務交易額最高的項目。因此，資訊系統與電子商務在餐旅業行銷中所扮演的角色日益受到重視。

第一節　餐旅業行銷資訊系統的重要性

由於資訊通信科技（Information and Communication Technology, ICT）導入時間與程度之不同，對於不同的國家、企業組織、特定族群，甚至個人都會產生ICT資源應用與分配不均的問題，此一現象即是所謂的「數位落差」（digital divide），意指數位化資訊工具造成擁有與未擁有資訊科技者在財富與資訊獲得上的差距問題（李京珍，2004）。個人若無法具有使用數位化資訊科技的機會、無法具備資訊素養、無法應用適當的數位工具在工作與生活上，可能會形成數位科技擁有者與未擁者之間知識與能力的落差，進而造成工

作機會與經濟收入上的嚴重差距，形成新的社會問題。同理，餐旅業若無法善用ICT於企業行銷及營運上，也將使企業經營處於競爭的劣勢，可見ICT的重要性。

　　善用顧客消費行為資料是瞭解顧客消費特性及需求的重要線索之一，也是企業進行有效行銷策略的重要依據。尤其是處於資訊爆炸時代，無論何種產業都需要與資訊科技結合，才能以最迅速的方式為企業帶來最大效益。然而，這些資料通常非常龐大且複雜，必須經過挖掘、整理、分析、解釋、預測及應用才能顯現出其價值。此時，資訊系統的發展與運用，扮演著相當重要與關鍵的角色。而資訊技術的成熟，讓餐旅產業的行銷工作多了一項利器。由於行銷部門是企業與顧客之間的橋梁，且行銷工作是餐旅業營運中最難資訊化的部分，故行銷資訊系統所需思考的資訊必須兼顧企業內部與外部連結。特別是餐旅業在與顧客接觸或銷售過程中所蒐集的大量顧客消費行為資料，如何透過資訊系統與行銷理論相互結合，將其轉換為對業者有利的資訊，甚至有效傳遞能吸引消費者上門消費的資訊，是餐旅業者應思索的重要課題。

　　行銷資訊系統（Marketing Information System, MIS）可以定義為「設計用來提供適切資訊的組織流程，並能引導行銷決策的一個範圍廣泛、有彈性、正式而永續發展的系統」（莊煥銘等，2006）。因為企業的行銷活動是彼此互動的，且必須隨環境的改變而調整，行銷資訊系統必須專門為餐旅業行銷組織而設計，使得此系統能在長時間內滿足行銷人員的需求，並提供相關資訊的組織流程以供行銷人員進行決策。一般行銷資訊系統的規劃，依據行銷4P可劃分成（莊煥銘等，2006）：

1.產品決策（product）：產品生產、新產品評估開發等。
2.價格決策（price）：產品的定價策略、顧客信用等。

3.推廣決策（promotion）：廣告、人員銷售、公開報導、直效
　行銷等。

4.通路決策（place）：通路績效、配送管理等。

　由於餐旅產業與顧客的互動及接觸非常頻繁，如何適時滿足隨
時改變的顧客需求與偏好，建立有效率的MIS，對餐旅產業非常重
要，尤其是連鎖餐旅業。餐旅業可依據企業自身狀況及餐旅產業的
屬性差異，運用以上幾種MIS策略的深度與組合狀況來發展與規劃
合適的MIS。

第二節　餐旅業行銷資訊系統的內容

　電子商務時代的來臨，代表著更快速的資訊交流與更直接的交
易機制，它能讓餐旅業者不用透過傳統媒體來面對消費者，打破了
傳統的行銷方式。餐旅業網站建置與線上廣告行銷活動，其實就是
一種常見的行銷資訊系統（MIS），餐旅業網站不應該只是單純的
建置企業資訊或產品，應視其為企業MIS之一，是企業外部資訊流
入內部的重要通路，也是企業內部資訊發布至市場的重要媒介（莊
煥銘等，2006）。其中，藉由顧客關係管理（CRM）系統的建置可
讓企業找到對企業貢獻最大之顧客，維持優良而重要的顧客，使企
業對顧客之投資達到最大效益（劉燚潔，2002）。

　CRM系統是以行銷為基礎發展的資訊系統，用來有效維持並加
深企業與顧客之間的關係。資訊科技在餐旅業CRM系統中屬於輔助
性的角色，讓餐旅業的CRM相關工作能更有效率的執行。即CRM透
過餐旅業客戶服務代表進行顧客服務與維持現有顧客的工作，而客
服代表則分析顧客相關資料以從事餐旅業行銷與交叉銷售之活動，

滿足個別顧客之需求。可見CRM系統乃行銷資訊系統（MIS）的一部分，因此MIS必須透過CRM的資料庫及分析技術，蒐集所有顧客相關資料，經由系統轉換與分析，然後再加以整合，作為餐旅業行銷策略制定之參考，使餐旅業MIS執行成功之機率提高，達到增加餐旅業獲利與降低成本之目的。

餐旅產業的範圍很廣，舉凡飲食（如餐飲業）、住宿（如旅館、民宿）、交通（如航空公司、郵輪、遊覽車業、汽車租賃）、娛樂（如主題樂園、博奕事業）、觀光旅遊代辦（如旅行社）等均包含在內。本書以旅遊業（旅館業、旅行業、航空業）及餐飲業之行銷資訊系統為例，說明其發展概況及內容。

一、旅遊業行銷資訊系統

在這個千變萬化的商業環境中，旅遊業正面臨新規則、新參與者及新市場的挑戰，MIS在這個過程中扮演著重要的角色。本書以業界普遍使用的亞瑪迪斯（Amadeus）MIS、線上訂房系統（booking engine）及全球分銷系統（Global Distribution System, GDS）為例，分別簡介及說明如下：

(一)亞瑪迪斯

亞瑪迪斯針對隨時在改變的市場環境，積極的與旅遊供應商（如航空公司、旅館、租車公司、鐵路公司、渡輪、郵輪、保險公司、旅遊經營者）、旅遊銷售者（如旅行社）及旅遊購買者（如公司企業、個別旅客）建立合作夥伴關係，並進行系統整合。亞瑪迪斯的資訊系統可協助客戶增加收益、整合企業組織系統、簡化企業流程，並強化顧客關係管理。亞瑪迪斯可提供旅遊業（包含旅館、

旅行社、航空公司及租車公司等）以下服務：

1. 提供完備的相關資料內容（如航空公司、旅館及租車公司等資料），透過亞瑪迪斯廣大的銷售網絡，配銷作業可發揮最大的效率。
2. 提供跨越各銷售管道間資料與內容的存取、行銷及銷售的技術，同時也能協助改善整個銷售過程的作業流程、收益及顧客服務。
3. 協助客戶優質化業務經營、處理程序及管理，並強化客戶與旅客之間的關係。
4. 提供服務與諮詢解決方案，能改善客戶的業務處理程序及資訊科技投資的全方位價值（亞瑪迪斯，2013）。

亞瑪迪斯與全球分銷系統（GDS）之間亦建立了緊密的連結關係，使得客戶可直接透過亞瑪迪斯系統與來自全球的航空公司、旅行社、旅館等進行交易。

(二)線上訂房系統

藉由電子商務的快速發展，旅館（或飯店）業的線上訂房機制漸趨成熟，業者可以用最快的速度，在網路上廣泛發布最即時的行銷訊息、推廣最新的旅遊商品。消費者則能透過網路訂購的機制，不用親自到實體店面，或透過中間經銷商購買，就能取得想要的旅遊商品。因此，線上訂房系統為旅館業提供了莫大的業務動力及全新而有效的經營與行銷通路，且大幅降低對旅行社代理人及旅行社的業務依賴，旅館業者不可輕忽網路訂房旅客量激增的現象。線上訂房系統甚至已推廣到民宿產業，儼然已成為旅館業不可或缺的行銷資訊系統。

　　線上訂房系統，是指能讓客戶在網路上訂購旅館房間的系統。它能提供旅館業各種網路訂房交易的功能，直接和消費者進行交易，不用透過一般旅遊網站，或是代賣業者。它可減少消費者的不便、花費的時間及成本，讓旅館業者獲取比委託給代賣業者更高的利潤。一般而言，線上訂房系統由資訊服務系統供應商協助建置。以旭海國際科技公司所開發的「飯店即時線上訂房系統」爲例，它能與旅館的官方網站相結合，爲旅館建立媒體發布平台，即時發布旅館最新的推廣與行銷訊息，讓業者能在線上收取訂單，客戶可直接將帳款匯入旅館的帳戶內，少了層層經銷商經手的風險及利潤損失（旭海國際科技，2013）。線上訂房系統之特色如下：

1. 國際行銷與交易：線上訂房系統已成爲國內外旅館業者最新的訂房模式，甚至可透過全球分銷系統（GDS）進行國際行銷與交易，協助業者提升營運效益。
2. 顧客關係管理：旅館長期累積網路訂房（或瀏覽）的客戶資料，日後可善用這些資料，有助於做好關係行銷與顧客關係管理，達到直效行銷的效果。
3. 營運效率：提供所有網路訂房報表資料，旅館可針對訂購日、入住日、財務資料、會員資料、房型及營收內容等列出報表，方便旅館業者營運。
4. 庫存管理：無論B2C、B2B、聯賣系統、住宿券訂房等所有的訂房庫存，都只使用同一套庫存，簡化旅館管理。
5. 旅客住房評鑑：透過線上訂房系統將「旅客住房評鑑表」自動於住房後一天透過e-mail寄給網路訂房顧客，幫助旅館完成住房滿意度調查。
6. 人力資源：將系統可完成的事交由電腦處理，服務人員可專注於旅館管理及顧客服務。

7.電子商務門檻：幫助旅館業者降低電子商務使用門檻，協助旅館快速進入電子商務行銷的行列，縮短摸索的時間。

8.品牌行銷：線上訂房系統可有效提高旅館的品牌能見度，提升網路訂房量。

(三)全球分銷系統

隨著電子商務的蓬勃發展，旅遊業的航空電腦訂位系統（Computer Reservation System, CRS）為了因應全球系統規模通路的變化與效能整合，逐漸將機票以外的旅館、郵輪及汽車租賃等其他旅遊商品也納入其銷售範疇，發展成為今日的旅遊產品全球分銷系統（GDS）（Computer Reservations System, 2013）。

GDS是指資訊系統供應商提供一個網路平台，由旅遊產品供應商透過後台設定產品銷售，讓全球的旅遊代理商或旅遊網站的散客可利用此平台直接進行交易。它已成為一個全球每年超過50億美元營業額的交易平台。由於資訊科技應用在觀光產業與日俱增，GDS已成為旅遊業多元化且高效率的行銷系統與通路，提供旅客即時服務的訂位機制（B2C），將以往只有旅行社能操作的訂位系統（B2B），開放給一般消費者使用，進一步擴大了行銷的層面（Computer Reservations System, 2013）。

隨著全球化市場時代的來臨，旅館業者也逐漸意識到GDS擁有龐大分銷網路系統的重要性，開始與GDS合作。國際上各主要旅館集團均將其線上訂房系統與各GDS系統建立連結，使得旗下的旅館也能透過GDS進行全球行銷及銷售。國際連鎖旅館集團相對於單一旅館在國際銷售通路上具備很大優勢，主要原因是因為它們具備GDS行銷的能力和手段。因此，加入GDS系統連結已成為各國旅館業進入全球化跨國市場的重要通路（旭海國際科技，2013）。根據

過去十年統計，飯店業透過GDS獲得客戶訂房的數量呈逐年增長趨勢（**表7-1**）。可見GDS正在快速成長與擴張，已逐漸改變全球旅遊產業的交易模式。越來越多的買主及賣家使用這套系統進行交易，創造出越來越龐大的交易規模，GDS儼然已是旅館業最大行銷資訊系統及市場交易平台的代名詞。旅館業者不應自外於此行銷通路與潮流趨勢（旭海國際科技，2013）。

多年來，GDS在旅遊行業已具備主導地位。然而，有些航空公司為了避免過高的GDS費用，已經開始試著繞過GDS，直接從他們自己的網站分配航班或直接連結到旅行社銷售（Strauss, 2010）。美國航空公司的直接連接即是這方面發展的一個突出例子（Computer Reservations System, 2013）。

二、餐飲業行銷資訊系統

由於餐飲業在服務業中屬於與顧客互動及接觸非常頻繁的行業，如何適時滿足隨時改變的顧客需求與偏好，建立有效率的MIS，對餐飲業非常重要。一般而言，行銷資訊系統（MIS）可以提供餐

表7-1　GDS近十年客戶訂房趨勢變化表

西元年	淨旅館預訂量	年增長率（％）
2000	48,787,000	11.4
1999	43,781,000	9.9
1998	39,828,000	12.2
1997	35,482,483	18.1
1996	30,032,000	21.2
1995	24,783,000	24.3
1994	19,942,000	22.1
1993	16,332,000	—

飲業的協助與服務在於（莊煥銘等，2006）：(1)顧客的帳單及現金管制；(2)廚房與餐廳之間的聯絡；(3)餐廳經營及管理的監控。然而，面對日益龐大及複雜的連鎖加盟餐飲體系的營運需求，連鎖餐飲業MIS所扮演的角色越來越重要，其功能性亦將日益擴大，甚至與企業的管理資訊系統、企業資源規劃系統（ERP）及顧客關係管理系統（CRM）等產生緊密的連結與整合。

以王品餐飲集團為例，王品集團自1990年成立以來，幾乎每年以新增一個餐飲品牌，每季開設至少十家分店的速度增長，王品集團在兩岸的總店數已達三百家以上（王品集團，2013）。為了確保集團各分店都能提供一致且高水準的營業品質，從食材採購、人力調派、營收回報、行銷資訊傳遞到客戶意見處理等作業流程，除了依賴扎實的教育訓練外，完備的資訊系統功不可沒。集團資訊總監張光年表示：「王品集團採取每日結帳方式，各店的銷售時點系統（Point Of Sale, POS）資料會在打烊後傳回總公司結算，每天都能確實掌握全台分店的營業現況。」顧客消費意見是餐飲業擬定行銷策略的重要資訊，故王品集團對顧客餐後填寫的意見非常重視。每家分店每天都會上傳顧客滿意度及消費意見到公司內部網站，管理階層可逐一檢視，並即時掌握顧客需求與偏好。近年來，王品積極在大陸市場布局，迄今開設了七十多家分店（王品集團，2013），高效率的MIS建置越來越重要。在當前激烈的餐飲市場競爭中，資訊系統不僅可藉由行銷資訊系統（MIS）的運用貼近消費者，更對連鎖餐飲業者有緊密支援、有利於引領公司開拓成長。由於王品集團用心瞭解顧客的消費意見，能體察餐飲流行脈動，且善用MIS，故能設計出貼近客人喜好的餐點及行銷方案。

以往餐飲業電子商務模式以網路商店販售實體餐飲產品為主，近年來開始興起販售餐券與代訂餐廳座位等虛實整合的商業模式（劉聰仁、林孟正，2011）。例如：1998年在美國舊金山創立的

OpenTable線上餐廳訂位網站、2008年開始營運的台灣EZTABLE易訂網等。以EZTABLE易訂網為例，它在2008年8月上線開站，提供消費者免費的餐廳線上訂位服務。由於消費者不需要在餐廳營業時間內訂位，提供了電話訂位之外的第二個選擇。截至2013年3月4日為止，全台有五百四十二家餐廳已提供EZTABLE 24HR線上訂位服務，已有近兩百萬人次透過EZTABLE易訂網訂位，並如願以償的享用了餐點（EZTABLE易訂網，2013）。

對消費者而言，EZTABLE易訂網提供了一個快捷、便利、二十四小時不打烊的網路訂位平台，無論是好友聚會、家人聚餐、重要節日慶典等，都可讓消費者在最快、最有效率的方式下，輕鬆解決現場耗時排隊或打電話一位難求的困擾。對餐飲業者而言，不用多花費人力接聽電話，還可隨時上網有彈性的提供預約數量，甚至推出非尖峰時段的優惠訊息，讓業者透過網站促銷庫存，此種網路訂位平台可為業者打開另一個行銷管道，創造三贏的局面。EZTABLE易訂網已逐漸成為一個溝通餐廳與消費者之間的橋梁，餐廳可以透過這個系統即時的跟消費者做溝通，不論是優惠訊息、最新菜色，或行銷活動，消費者都可在最短的時間內知道，這是傳統行銷通路很難達到的。

EZTABLE易訂網的網站分兩個部分，一個是消費者端，透過此介面消費者可以很容易的根據自身需求查詢到餐廳，並進行訂位或購買餐券等交易；另一個是餐廳業者端，業者可使用後台管理機制，輕鬆的進入後台進行設定。例如：有些餐廳雖然生意很好，但還是有離尖峰時段，如前一天發現預約訂位狀況不好，業者就可釋放出若干組折扣優惠，透過後台的系統設定，直接出現在網站上，這通常都會造成搶購。透過這個系統，業者可以即時把沒有賣掉的庫存出清，減少了許多不必要的浪費，增進營運績效。目前與EZTABLE易訂網合作的餐廳，大多是五星級飯店的餐廳，或連鎖餐

飲集團，如喜來登、亞都麗緻、晶華等飯店、瓦城、鬥牛士、日勝
生加賀屋及海霸王等都是它的客戶。

第三節　餐旅業電子化行銷

　　網際網路是互動式的，電子郵件和網站都能被利用成為買賣雙
方溝通的管道，這個管道將比傳統的信件更加快速與有效率，也能
補充或取代傳統的小冊子、報章雜誌等平面媒體的推廣，及電視廣
告的不足。在網站的創立與維護方面，有時候企業會為此付出昂貴
成本。例如：處理及回應電子郵件的成本，但若企業沒有在第一時
間立即有效的回應顧客的需求，可能會因此失去顧客，所以電子郵
件系統和網站的建構對顧客服務是必要的。對餐旅業而言，電子商
務很容易讓人聯想到航空公司及旅行社的電子化訂位系統、旅館的
網路訂房及交易系統等必須付出昂貴成本的印象。事實上，網際網
路或電子化行銷系統在餐旅產業環境中的使用非常普遍，也沒有想
像中的昂貴。

一、網際網路行銷在餐旅業的應用

　　餐旅業是一種資訊密集的產業，資訊對餐旅產業來說非常重
要，尤其是消費者會希望藉由獲得更多相關資訊來增加對於該服
務內容的瞭解與信賴。相較於傳統媒體，網路媒體具有即時性、互
動性、資訊性、多媒體、個人化、低成本、虛擬性、無地域時間限
制、全球化及多對多關係等特質（Rice & Katz, 2003）。因此，網
際網路對餐旅產業的發展逐漸扮演重要角色，其中對旅行社的經營
型態及規模結構皆產生重大影響，業者運用網路來輔助旅行社的經

營及行銷已成爲一個必然的走向（容繼業，1996）。自從資訊科技與餐旅業結合後，形成了新的餐旅產業網路行銷風潮，幾乎所有餐旅業者都會透過各種不同方式進行網路行銷。例如：餐旅業者常透過專屬網站、部落格、社群網站（如Facebook、Twitter）、e-mail、網站聯盟或入口網站的關鍵字行銷等，進行不受時空限制的網路行銷。茲以旅遊業、餐旅業爲例，分別說明網際網路在這些餐旅業行銷的應用。

(一)網際網路於旅遊業行銷的運用

由於旅遊產品具有無形性及高消費金額特性，且網際網路具有交易安全性及產品眞實性等疑慮，造成消費者對旅遊產品有相當高的知覺風險意識，因此消費者在選擇旅行業者或旅遊產品時，仍以信譽及口碑爲最重要的考量因素（陳榮坤，1999）。然而，網際網路具有即時性、互動性、個人化、低成本、無地域時間限制、全球化及多對多關係等優勢，且網路資訊技術不斷的發展與創新，網際網路對於旅遊業行銷的重要性有增無減。即使網際網路無法完全取代旅遊專業人員的實際接觸與服務，但至少在旅遊產品行銷上逐漸扮演舉足輕重的角色。

以ezTravel易遊網爲例，它成立於2000年1月，是第一家同時擁有線上訂購、店面及Call Center的旅遊網站。顧客從網路下單之後，可以選擇郵寄送件或至各門市取件，店內還提供電腦免費上網查詢及訂購服務，對於網路交易的金流、物流及獲得顧客的信任都有所幫助。由於結合旅遊產業與網路科技，提供二十四小時全方位的個人化線上旅遊服務（如線上訂位及線上付款）的經營模式，ezTravel易遊網的主要顧客群鎖定在網路使用者，他們具有高收入、高教育水平、高網路使用率等特色，尤其是20～40歲的年輕學生及上班族

為主。因此,利用網際網路機制很容易可依個人需求自組商品,以滿足這些人的需求,所推出的線上「個人主題式隨選旅遊」服務,已逐漸成為市場主流(ezTravel易遊網,2013)。

許多擁有實體店面的旅行社(如雄獅、東南、可樂及上順旅行社等),亦紛紛進行虛實整合銷售,成立自有的專屬旅遊網站,加入網路行銷的行列,希冀在此網際網路與旅遊業結合的行銷潮流中立於不敗之地。

(二)網際網路於餐旅業行銷的運用

同理,網際網路在餐旅業行銷的運用亦逐漸成為時代潮流,許多餐旅業者善用專屬網站、部落格、Facebook等社群網站、e-mail等,為餐旅業的行銷與營運帶來巨大效益。尤其是,近年來無線網路與手持通訊裝置(如手機或平板電腦等)的流行與普及化,更為餐旅業者帶來了無限商機。

以星巴克為例,星巴克經營連鎖咖啡品牌領先全球,並善用智慧型手機的App程式賣出更多咖啡給顧客。星巴克的手機App從2011年12月推出至今,顧客利用手機App購買咖啡的次數已經超過四千萬次。如果一次平均購買兩杯,這代表星巴克透過手機已經賣出超過八千萬杯咖啡。最新的數據更顯示,用手機App購買咖啡的次數快速成長,一個月已經超過四百萬次(Atwood, 2012)。另外,星巴克的實體會員卡,在發展手機App之前,就已經相當成功。平均每四位顧客,就有一位顧客存錢到會員卡,在消費時使用會員卡付費。星巴克發現顧客往往因為忘了帶實體會員卡,而打消該次消費的念頭。然而,卻很少顧客會忘了帶手機,故星巴克乃推出手機會員卡,透過手機主動提醒顧客,最新推出的產品及行銷優惠方案,手機會員卡讓顧客購買的次數變多了。身為忠實顧客的您,很有可

能直接在手機上付錢買咖啡，再到門市領取或在門市內飲用。這就是網際網路對餐廳業行銷所帶來的效益。

二、提升消費者網站瀏覽量的方法

由於餐旅產業相關網站數量非常多，如何有效利用網路行銷的特性與功能，來增加消費者對餐旅業網站的瀏覽量已成了業者經營成功與否的重要關鍵。提升網站瀏覽量的方法如下（紀璟琳、羅婷薏，2010）：

(一)網路廣告郵件

廣告通常是利用報章雜誌、電視、廣播或郵件等平面媒體方式呈現，由於網路廣告郵件（E-DM）成本低廉、效果不輸傳統廣告，已成為許多業者的最佳選擇。餐旅業網站可以搭配網路廣告讓原有的會員接收到相關的行銷訊息，甚至開發出新的顧客，提升網站的瀏覽量，進而吸引顧客消費。因此，網路廣告郵件已經成為現今網路行銷不可或缺的工具。同時，如何設計郵件及做好相關設定才不會觸犯法令又能達到行銷效果，對業者是很重要的。餐旅業者在使用網路廣告郵件時，應注意以下事項：

1. 避免重複發送信件招致收件者（顧客或潛在顧客）反感，甚至受到網路業者的停權或處罰。
2. 讓收件者有選擇取消收信的權利，以免引發負面效果。
3. 利用第三人稱的角度分享郵件，較容易被收件者接受，進而達到行銷效果。

(二)善用廣告發信軟體

當網路廣告郵件（E-DM）的主旨及內容設計好後，欲發送給餐旅業消費者或潛在消費者的E-DM，少則數千封，多則上百萬封，故必須藉助發信軟體的強大功能傳送出去。有些發信軟體是可免費取得的，餐旅網站業者若能善用此方法，對於餐旅業會有很大的幫助，亦能提升餐旅業行銷資訊系統效能。

(三)病毒式行銷

病毒式行銷是指網站透過文字內容、影音圖片、評論等模式與網友們分享訊息，再藉由已收到這些訊息的人再度與他人分享，這樣一傳十、十傳百，不斷的發揮行銷廣告效果。由於此手法很像病毒擴散一樣，在使用者接受或轉寄信件中加上一段語法或特別的文案、話術，讓使用者不知不覺的接收到訊息，並主動將訊息再轉傳給其他人。例如：餐旅業者可透過電子郵件轉寄一些有關餐廳週年慶促銷或餐券買一送一活動的資訊給親朋好友，收到此信件的朋友看完覺得內容很棒，又再度轉寄出去，此動作無意間替該餐廳業者做了病毒式行銷。透過病毒式行銷的方法，比一般大量發信更能掌握目標顧客群，行銷成本也會下降許多。因此，這是一種很特別且有效果的網路行銷手法，但應避免商業、政治或宗教色彩太明顯，造成收件者不願意再幫忙轉寄出去。

(四)網路社群的經營

網路社群就是在網路上因為有共同的興趣、娛樂或共同的話題，而組成特定團體的一群人。這群有相同交集的人，共同在一個虛擬的網路世界維持情誼，所以網路社群內的成員具有相當高

的同質性，故可以讓網路使用者輕易的找到目標族群。因此，網路社群已逐漸成爲餐旅業者的一個新興溝通工具與交易平台，像Facebook、Twitter等社群網，都是經營非常成功的社群網站。餐旅業者若能建立相關社群，當有越多網路社群成員的加入，然後在網際網路上聚集之後，不但能增加網站瀏覽量，且成員能藉由交換資訊或討論消費的經驗與過程，進一步的產生商業交易行爲，業者亦可藉由社群網站發布行銷與活動資訊（如Facebook粉絲團），創造網路社群對餐旅業的價值與商業利益。

行銷資訊系統在餐旅業中所扮演的重要角色

案例一　幫餐飲業整合虛實的EZTABLE易訂網

「為什麼在台灣只有訂機票、車票及電影票的網站，卻沒有訂餐廳的網站？」四名七年級生找到創業的切入點，不甩既定的市場規則，在2008年推出網路預約訂位服務網站「EZTABLE易訂網」，以餐廳情報、三十秒完成訂位及獨家餐券販售方式，三年來滿足了超過八十三萬人次饕客，每月幫萬名顧客解決訂位問題，為四百家餐廳及飯店維繫更好的顧客關係，到了2011年創造2,000萬元營業額。喜來登、遠企、寒舍艾美酒店、漢來及雲朗觀光集團等指標性高的餐廳陸續加入，其致勝關鍵點：(1)台灣餐飲業較沒有付費行銷的觀念，透過賣餐券預付優惠等方式，成為主要的獲利來源；(2)把優惠專區帶到社群媒體，與目標客群緊密結合。

資料來源：《蘋果日報》（2012/01/19），財經版B8，http://www.eztable.com.tw/

案例二　平板電腦為餐飲業帶來的數位新趨勢

自2010年4月推出後即風靡全球的蘋果平板電腦iPad，讓全球餐旅服務業開始吹起科技風，據美加媒體報導，許多餐飲業者開始使用iPad或其他平板電腦來點餐和結帳，希望能刺激消費，帶來更多商機。

在美國加州已有兩家分店、第三家分店將於下週開幕的「疊疊樂」餐廳（Stacked），是加州托倫斯市（Torrance）第一家使用iPad的餐廳，顧客用iPad挑選口味及配料，從無到有調配出客製化

的漢堡、披薩或奶昔。此外，亞特蘭大備受好評的老牌牛排餐廳「Bone's Restaurant」特別用iPad來推銷各款紅酒；三藩市的「雲雀溪牛排館」（Lark Creek Restaurant）目前正在測試使用iPad互動功能表的階段；而創立於波士頓的知名複合式餐廳「麵包達人」（Au Bon Pain）在波士頓的十二家分店，也用iPad供客人選擇三明治夾料，節省等候時間。麵包達人行銷部副理芬其特（Ed Frechette）認為，用iPad點餐並沒有讓整個流程少出錯，但因為它正流行，人們很感興趣。「雲雀溪」資深協理麥肯納（Quinn McKenna）則表示，iPad的好處是能呈現更多訊息，不像紙本功能表只能靠文字描述，例如：客人在iPad上還可看到牛排產自哪個國家，或該餐廳所指的牛排熟度為何。過去客人可能因為與餐廳認知不同而發生爭執，現在既有圖片為憑，雙方便能取得共識。「疊疊樂」餐廳的共同創辦人摩坦克（Paul Motenko）說，顧客用iPad點餐後，訂單直接傳到廚房開始作業，傳達速度之快是餐飲業界過去前所未聞的。

據美國市場研究集團NPD Group的分析指出，主要受到經濟蕭條和消費者節約支出的影響，全美每年總營業額6,040億美元的餐廳業，自2007年起便呈現萎靡，年消費總人次僅約6,000萬。而iPad在各家平板電腦位居龍頭又風行全球，正可適時為慘澹的餐廳業注入新活力。據NPD Group研究人員預估，iPad銷售量到2014年將累計高達兩億八百萬台。

另一方面，在洛杉磯起家的連鎖餐廳「旨味漢堡」（Umami Burger）則向E La Carte公司租用一款專為餐旅服務業設計、配備刷卡槽的7吋平板小電腦Presto，它具有點餐、結帳、玩遊戲的功能，顧客用它可迅速點餐，等待上菜的時間內可以玩電腦遊戲，用餐完後還可以幫顧客計算均攤金額，並將電子收據寄給顧客。據E La

Carte網站資料顯示，使用Presto可縮短顧客用餐時間達七分鐘，提高輪轉率；消費金額則增加約10%～12%。日前團購網站Groupon兩位創始人李寇斯基（Eric Lefkofsky）和齊威（Brad Keywell）所經營的創投公司Lightbank，因看好這家新公司的發展潛力，已挹注400萬美元。

E La Carte的創辦人蘇力（Rajat Suri）解釋，與iPad相比，Presto更適合各種中等價位的餐廳。它比iPad價格低，每台每月租金在100美元以內；它比iPad更堅固耐用（防潑水、防撞），電池電力長達十八小時，它能相容於大多數餐廳現有的銷售時點情報系統（POS）與其整合，而且因為每家餐廳的Presto都是專屬的，不容易遭竊。目前全美已有一百間餐廳下訂Presto，另有一百五十間排隊等候。

美國和加拿大部分業者看好iPad等平板電腦為餐飲業帶來的數位新趨勢，正積極整合更多相關服務和管理功能，甚至結合臉書或推特等社群網站，建立即時回饋和處理的管道，加強消費者和餐廳經營者間的聯繫。例如：顧客線上訂位完後，餐廳的服務人員可在iPad上即時收到通知確認；回流的顧客再次入店用餐時，內建的顧客資料庫會列出他上次點餐的功能表，服務人員可以此作為與顧客互動時的參考，使服務更貼近他的需求與偏好，餐廳主管也可隨時掌握食材庫存量和餐廳內外場狀況。另外，iPad還可結合一般餐廳原有的代客泊車服務，在顧客用餐接近尾聲即將離開之前，提早備妥車輛和衣帽，讓整個用餐經歷更愉快。

有人預測iPad會取代服務人員，有些業者也看中使用iPad可節省人事成本。但加拿大溫哥華島現代咖啡餐廳（Modern Cafe）的老闆庫柏（Scott Cooper）則認為，餐廳使用iPad後，他需要僱用更多服務人員，確保顧客獲得他們所期待的高水準服務。蘇力也強調，

Presto是把餐飲業呆板制式的流程交由機器負責，省下在廚房和外場間往返的時間，讓服務人員能專注於更好的與顧客互動上。NPD Group的分析師也認為，文字功能表短時間內不會被取代，年長的客人不想徒增麻煩使用iPad，而餐廳老闆繼續用文字功能表，可省下額外的成本。

資料來源：余湘薇綜合編譯，大紀元2011年11月15日訊。

第八章
餐旅業顧客關係管理

- 餐旅業顧客行為分析
- 餐旅業顧客關係行銷
- 餐旅業顧客體驗與體驗行銷
- 個案分享

　　對餐旅業而言，顧客關係管理（CRM）是非常重要的課題，因為它關係到企業的存續。Rigby等人（2002）認為，CRM是一個為贏取新顧客、保有舊顧客，及增加顧客利潤貢獻度，而透過不斷的溝通，以瞭解並影響顧客行為的方法。Kamakura等人（2005）指出，在CRM中，企業以顧客為分析基礎，建立完善的資料庫來蒐集及分析顧客的消費行為，期望達到顧客對於企業的終身價值最大化。羅巧芳等（2008）指出，CRM是企業相當重要的一個環節，即使企業已有大量的顧客群，仍希望開發出潛在的顧客，為企業創造更大的利益。

　　在導入CRM前需先瞭解顧客行為，才有利於對顧客進行關係行銷（relationship marketing）。Peppers等人（1999）認為，CRM的活動包含四個步驟，首先在確認顧客（identify），其次是把顧客分類並根據顧客對公司的不同價值或不同需求進行區隔（differentiate），進而與顧客互動（interact），最後發展客製化產品或服務以滿足顧客個別的需求（customize）。因此，在餐旅業的CRM活動程序上，應先進行資料處理與分析，確認所有的顧客資料的正確性，並主動提供個別顧客需求的資訊；再進行互動客製化活動，例如可運用客服中心來與顧客進行溝通互動，還要確保客訴處理的流程順暢，才能快速的回應顧客需求與意見。另外，將顧客的資料與文件客製化，可節省顧客填寫資料所花費的時間，甚至不待顧客開口要求即可為顧客提供適時而貼心的服務，並經常探詢顧客的需求與期望，致力於滿足顧客的需求。Kotler等人（2006）以旅館業為例，舉出業者在CRM中應注意管理以下之顧客接觸點，包括顧客的訂房、櫃檯報到、結帳離櫃、常住計畫、客房服務、企業服務、體健設施、洗衣服務、餐廳與酒吧服務等。CRM包含一些重要的元素，以下分別作詳細介紹與分析，最後針對餐旅業進行個案分享。

第一節　餐旅業顧客行為分析

　　餐旅業要做好CRM，首先必須先瞭解顧客行為（customer behaviors），而顧客行為分析是非常重要的基礎。羅巧芳等（2008）指出，企業若能確認對企業具有高度價值的重要顧客，並找出潛在的重要顧客，瞭解這些顧客的行為並適當地分配有限資源，制定有效行銷策略，提供各區隔顧客所需要及想要的產品或服務，可為企業建立競爭優勢。顧客行為即為顧客選擇服務（服務前）、體驗服務（服務中）和購買完產品／服務後（服務後）的行為模式。餐旅業者在銷售產品／服務前，如果可以進一步瞭解顧客的想法及行為，就能提供更加符合顧客需求的產品／服務，並制定出合理的價格，及有效的行銷、促銷策略。

　　在購買產品／服務前，顧客會經由廣告、宣傳單、廣播等各式各樣的傳播媒體或行銷管道，瞭解廠商所提供產品與服務的內容，但餐旅業的經理人可曾想過顧客在決定購買產品／服務時，是透過什麼方式作決定，是自己決定或是尋求親朋好友的意見？消費者選擇一家餐廳用餐時，決策時間有多長？這些都是顧客在消費過程所出現的行為。而不同種類的顧客會有不同的消費行為，餐旅業不能不知，詳細介紹如下。

一、顧客的種類

　　有關於顧客型態的分類，茲參考Gregory Stone的分類方式，分別舉例介紹如下（許淑寬、陳慧姮譯，2003）：

(一)精打細算型顧客（The economizing customer）

此類型的顧客是指，在耗費時間、努力工作賺錢後，期待能獲得消費價值最大化的消費者。他們是一群有消費需求，但通常尋求市場中對他們最有利的對象消費，因此他們有時是善變的，例如：航空公司、旅行社、旅館及餐廳業者所舉辦的促銷活動，往往能吸引大量善於精打細算的顧客上門消費。當企業失去這類型的顧客時，即可視為潛在競爭威脅的早期預警。目前台灣的消費市場逐漸呈現出M型化的消費型態，精打細算型顧客群有逐漸擴大的趨勢，他們對奢侈品或不必要的東西鮮少會有購買的衝動。因此，餐旅業者如何爭取這類型顧客上門消費，已成為一個挑戰。

(二)道德型顧客（The ethical customer）

此類型的顧客往往會覺得自身有社會責任要幫助某些企業組織、慈善或弱勢團體。以王品餐飲集團為例，它們積極參與公益活動經營品牌形象，擅長Event Marketing，以小錢創造話題行銷。例如：率先響應經濟部台灣綠色生產力基金會推動的「綠色行動自願性節約能源簽署」活動，設定三年內節電5%的集團目標，以展現王品集團推動綠色行動決心。其他如王品台塑牛排的「情牽500」，捐出500萬，認養南亞災童；陶板屋的「知書答禮」，一人一書到蘭嶼；西堤的「迎新送愛心」，義賣舊餐具等；既環保又做公益，亦可滿足此類型顧客的需求，並可提升企業形象，有利於吸引道德型顧客。

(三)個人化顧客（The personalizing customer）

對於個人化的顧客來說，在消費的過程中，他們希望能夠獲得

個人的關懷、滿足個人需求及人際關係的滿足，像是人跟人之間的認識與交流等。以亞都麗緻飯店為例，總經理鄭家鈞認為，亞都麗緻雖然有嚴謹的SOP，但這是服務的「低標」，真正頂級的服務是「沒有SOP」的。亞都的「高標」是為每位客人提供客製化服務，即尊重每位客人的獨特性。只要是老顧客，他用餐時喜歡坐哪個座位？喝什麼飲料？喜歡住幾樓？什麼房型？房間內喜歡如何布置？亞都員工都了然於胸，甚至還叫得出顧客的姓名（工商時報編輯部，2012）。這就是頂級的個人化服務，對某些個人化顧客深具吸引力。

(四)方便型顧客（The convenience customer）

此類型的顧客，最重視的是具有便利性的消費場所或消費方式，對於消費過程的服務態度就沒有那麼重視，因為對此種類型的顧客，時間對於他們來說更為重要，有時他們也願意付出更多的金錢來獲得更快速、免於麻煩的服務。例如：速食業者為減少時間的花費所推出的購餐得來速車道，為的就是要讓趕時間的顧客，有更快速、更便利的購餐選擇。其他如達美樂Pizza業者提供三十分鐘內送達的餐點外送服務保證；7-11等便利商店推出現煮咖啡，分食咖啡市場大餅；餐廳、飯店及超級市場業者等，每逢年節均會推出年菜宅配到家的服務等；這些都是餐旅業者為了爭取方便型顧客商機的服務作業與行銷策略。

二、顧客購買決策過程

顧客在購買或使用產品及服務的前後，也會經歷一段很值得企業組織關注的行為。這一連串的行為稱之為「購買決策過程」

（buying decision process），如圖8-1所示。此決策過程共分為五個階段：確定需求、蒐集資訊、尋求替代方案、購買決策及購後行為。在檢視每個階段之前必須瞭解以下幾件事情（榮泰生，2007）：(1)並非每個顧客都會經歷這五個階段，有時會減少一個甚至多個階段；(2)購買的實際行動僅是這個過程中的一個階段，且實際購買前可能已經歷了幾個階段；(3)並非所有的決策過程最後都會導致購買，消費者可能在評估的任何一個階段中止這個過程。茲將五個階段分述如下：

(一)確定需求

餐旅業者瞭解顧客對產品／服務的需求及期望非常重要，因為這將會影響顧客是否購買的決定及之後所考慮的替代方案。若購買的產品屬於例行性產品，在決定的過程中風險相對較低，顧客很快可以做出購買決定。在這個階段，餐旅業必須提供誘發顧客購買的刺激性因素，這樣才能開啓顧客購買的程序。刺激性因素可分為外在與內在兩種：外在刺激因素，有可能是來自於人與人之間的資訊交流，如顧客受周圍親朋好友的影響，決定購買產品／服務，顯示口碑行銷的重要；顧客也有可能受到來自周遭環境因素刺激的影響，如店面裝潢、店內氣氛、擺設及視覺、聽覺、嗅覺等感官刺激可能促進顧客的消費行為。內在刺激因素可以激發需求，經由過去購買的經驗，顧客亦可從中瞭解到自身對產品的需求，進而選購符合自身需求的產品。此時，業者可以利用「促銷」的手段來達到目的，例如：透過廣告、包裝及人員銷售等方式吸引顧客，甚至創造

圖8-1　購買決策過程

顧客需求。

(二)蒐集資訊

當顧客確定需求後，開始產生想要的慾望，接著會開始進行資訊的蒐集與調查，以評估何種產品／服務可以滿足需求。消費者可透過許多管道獲得資訊，包含：

1. 內部搜尋（internal search）：即利用自身經驗，以回想的方式蒐集消費資訊。因此，過去的消費體驗及對該產品／服務的涉入程度，都會影響消費者的再購意願及行為決策。
2. 外部搜尋（external search）：當消費者過去的消費經驗不足時，可能需要藉由蒐集外部資訊來協助他作購買決策。

由於人們在決定如何廣泛蒐集資料時，會考慮到成本與效益。成本包含時間、金錢、延遲購買決定的機會成本及在此過程中所經歷的沮喪。通常消費者會先參考家人、親友、同事、社團同好等非銷售人員的意見或建議，以降低花費成本與風險。因此，企業在建立「口碑」上必須要很努力，因為這將會成為影響顧客購買決定的關鍵因素。此外，資訊網路的發達及取得成本低廉，透過網際網路、社群網站、部落格文章及餐廳評價報告等蒐集消費資訊者越來越多。例如：有些旅行業者利用部落客在網路上發表其正面的消費體驗與評價，有助於消費者蒐集到正面的旅行業者資訊，增進消費意願。

(三)尋求替代方案

瞭解及評估各方案（產品或服務）在特定狀況下使用或消費所能提供給消費者的效益，是此步驟最主要的目的之一。因此，顧客在掌握資訊的來源後，會篩選掉一些不適宜的方案，留下若干個方

案作進一步評估。例如：遊客前往墾丁兩天一夜度假，若其住宿預算爲5,000元，遊客可挑選同等級的飯店或度假村，天鵝湖、夏都及墾丁福華等均可能爲其住宿方案，遊客會根據其偏好並參考替代方案所具備之屬性或功能進一步篩選方案。

(四)購買決策

在做出購買選擇前，可以依據各種產品或品牌所提供的「消費價值」（consumption values）來決定。在Sheth等人（1991）所提出的消費者行爲理論中，認爲消費者的選擇是根源於五種消費價值的總和來決定是否要購買產品、選擇何種型式及何種品牌的產品。此消費價值分爲五種：功能性價值（function value）、社會性價值（social value）、情感性價值（emotional value）、新奇性價值（epistemic value）及情境性價值（conditional value）。此五種價值的組合，影響了消費者的選擇購買行爲，分述如下：

◆功能性價值

功能性價值主要是有關產品／服務本身的實體、特性或功能，當產品／服務具有功能上、效用上，或實質上的屬性，這些屬性可滿足消費者對使用該產品／服務之功能或效用上的需求，則此產品／服務的屬性即具有功能性價值。通常功能性價值是一個消費者選擇是否購買某產品／服務的重要因素，如價格、性能、用途等。例如：旅行業者與醫學美容業者可對陸客推出醫美旅遊行程，陸客購買此行程既可達到美容、整形、健檢或養生的目的，又可藉此來台觀光及購物。

◆社會性價值

當消費者因爲購買某項產品／服務後，而能與其他社會群體產

生連結、獲得認同、符合社會規範或展現其內在形象時，該產品／服務即具社會價值。消費者有時在選擇購買產品時只是爲了取得社會群體的認同、提升社會地位、塑造社會形象，或滿足內在的自我慾望，因此當消費者偏重社會價值時，對於產品所提供的功能性價值較不在意。例如：對名牌包的消費及出國旅遊住五星級國際飯店的總統套房等，通常是考量用來彰顯自己的身分地位。

◆情感性價值

情感性價值強調的是個人的感覺或感情狀態。當產品／服務具有觸發消費者某些情感或改變消費者的情緒狀態的能力時，即具有情感性價值。例如：餐廳的燈光、背景音樂及整體賣場氣氛的營造等，會對改變消費者行爲產生影響，許多顧客往往基於星巴克咖啡廳的情感性價值而成爲其忠誠的消費者。許多非計畫性或衝動性購買的主因亦是來自於產品／服務的情感性價值，此類型的價值對消費者選擇所購買產品／服務時，具有相當的影響力。

◆新奇性價值

若產品／服務能引起消費者的好奇心，滿足消費者對知識追求的慾望或提供新奇、獨特的感覺，即可稱爲新奇性價值。容易受新奇性價值影響的消費者，通常具備喜愛嘗試、冒險及創新的人格特質，他們經常是新產品的高度使用者（Schiffman & Kanuk, 1991）。具有追求新奇特質的消費者可能基於產品／服務的「新穎」、「奇異」或「潮流」而購買，非爲滿足其功能性或其他價值需求。例如：知名的連鎖「便所主題餐廳」，其用餐環境、餐具與座椅形狀、餐點名稱及菜單等，都跟廁所相關，吸引許多好奇及愛嚐鮮的消費者前往一探究竟。出奇致勝的商業手法，也爲業者在餐飲市場做出差異化的口碑。

作者攝影

◆情境性價值

　　在某些情境條件下，產品／服務能暫時提供較大的功能性或社會性價值，因而改變消費者的購買行為，則此產品／服務具有情境性價值。這些產品／服務在某個時空環境中，會因外在的情境因素對個人行為有決定性和系統性的影響，產生短暫的外部效用，進而改變消費者的行為，一旦該情境因素消失，則產品／服務的價值便會降低。例如：每逢情人節，各汽車旅館或飯店房間便供不應求；對許多顧客而言，在星巴克咖啡門市內享用咖啡及餐點，其情境性價值遠高於外帶的消費方式，故其消費金額可能隨著其停留時間而增加。

　　顧客經過一連串的評估過程後，會產生不同的方案及購買意願，最後將會決定購買他們喜愛的產品／服務。但從購買慾望的出現到購買決策階段，顧客會受到兩種因素的影響：

1. 他人因素：若他人此時的態度越強烈，與顧客的關係越密切，產生的決策影響將會越大。例如：父母會影響小孩選擇用餐或住宿的決定。

2.不可預期因素：不可預期因素的發生將會影響到顧客的購買
傾向。例如：當顧客決定在假期期間入住五星級飯店度假
時，卻碰到家庭、天候不佳或車禍等不可預期因素，顧客可
能因此取消此次的假期。

　　顧客要等到真正購買產品／服務並使用後，才能得到實際體
驗，所以餐旅業在面對首度光臨的顧客時，必須抱持第一次就做好
的信念，盡力做到讓顧客獲得美好的消費經驗，因為首度光臨的消
費者並非真正的顧客，他們只是試用產品，唯有讓消費者獲得美好
的消費體驗，才能將他們變成企業真正的顧客。

(五)購後行為

　　當顧客使用產品或服務後，他們將會與先前的預期做比較，預
期是來自於先前他人的建議或外部資訊（廣告、銷售及促銷等），
如實際消費體驗與預期相符合，顧客將會得到滿足；反之，顧客將
會產生不滿意。滿意度也將影響顧客的口碑及後續購買行為，不滿
意的顧客可能會向親朋好友訴說其不愉快的消費經驗，或向企業抱
怨並進行退（換）貨、退錢之舉動，甚至向報章、雜誌及消基會等
第三者投訴，尋求補償。餐旅業行銷人員應事先瞭解顧客實際的需
求及購買過程，適時採取一些措施，能有效降低顧客購後不滿意情
況的發生。同時，透過瞭解消費過程中不同的參與者，及對購買行
為的影響，可以發展出更有效的行銷方式。

　　由於餐旅業服務失誤的發生是不可避免的，故設置方便的顧
客投訴管道，並訂定有效而周全的服務失誤或顧客不滿意的補救措
施，對業者而言非常重要。Albrecht和Zemke（1985）指出，在抱
怨的顧客中，若其怨言受到重視且被解決，約有54%～74%的顧客
會再度光顧；若顧客感到企業解決怨言的速度相當快時，則再度光

臨的顧客比率可能高達95%以上。值得注意的是，一旦這些顧客都能獲得企業滿意的回應或補救，平均每一個人會向五位親友訴說這種滿意的經驗。可見，當購後不滿意的顧客接受企業適當的服務補償後，通常會降低其不滿意，甚至對企業產生忠誠度（Kelley et al., 1993）。

第二節　餐旅業顧客關係行銷

　　顧客關係行銷是CRM的重要一環，強調與個別顧客建立一對一關係，透過提供產品與服務給個別顧客或家庭，以便和顧客發展持續不斷的關係。其最終目的是，藉由關係的維持以獲得顧客的終身價值（方世榮，2002）。自從Berry（1983）在〈服務業行銷〉文中提出「關係行銷」後，關係行銷就成為企業與行銷管理學界的一個熱門話題。Berry認為在服務傳遞的過程中，吸引新顧客只是行銷的中間過程，如何將顧客緊緊抓住，建立其對企業的忠誠才是行銷考慮的重心。他將「關係行銷」定義為「在多重服務組織中，吸引、維持及提升與顧客的關係」。Evans和Laskin（1997）則認為，「關係行銷」是以顧客為中心，企業藉此方法與現有及未來的顧客維持長期商業關係，在買賣雙方之間建立並維持以信任及承諾為基礎的長期關係，視彼此為夥伴而非競爭對手，共同為改善產品／服務品質及降低管理成本而努力。Levitt（1983）甚至將關係行銷比喻為買賣雙方的婚姻關係，他認為「銷售僅是求愛時期的完成，然後婚姻關係開始。婚姻生活的幸福與否，在於賣方經營彼此關係的績效為何」。可見關係行銷在CRM中扮演著關鍵的角色。

　　顧客關係行銷與傳統行銷模式最顯著的差異在於，關係行銷模式被認為延伸了傳統行銷模式的焦點，超越單一的買賣雙方之二元

關係。陳建成（2007）則將傳統行銷模式與關係行銷模式的差異性
做一比較，其詳細內容彙整如**表8-1**所示。

　　真正的關係行銷不同於交易行銷這種短期性交易，主要為建
立買賣雙方之間更長期性的交易。因此，當買方在選擇賣方時，會
考慮賣方長期能提供且滿足需求的能力與承諾，而非僅在短期誘因
上。例如：王品餐飲集團與花旗銀行2013年共同發行聯名卡（花旗
饗樂生活卡），除了建立顧客資料庫外，核卡後第一年生日前一個
月可獲贈兩人同行一人免費優惠券一張，可至旗下連鎖餐廳享有買
一送一的優待；持卡人至王品台塑牛排或夏慕尼鐵板燒消費套餐享
有九折優惠；持卡人至王品旗下連鎖餐廳刷卡消費，即可獲贈該餐
廳VIP禮物或主餐外之餐點一道；正／附卡持卡人於其生日算起七天

表8-1　傳統行銷模式與顧客關係行銷模式之間的差異性

行銷模式 構面	傳統行銷模式	顧客關係行銷模式
精神	產品導向	顧客導向
對顧客的觀點	顧客是可以取代的	將顧客視為終身資產
績效衡量指標	營業額、獲利數字	顧客滿意度與再購率
策略	盡可能將大量的產品賣給所有客戶，每一次的銷售將顧客視為新的顧客	盡可能將每一件商品賣給每一位顧客，以取得顧客對企業的終身價值及最大利益
主要的行銷工具	4P行銷活動： 1.產品（Product） 2.價格（Price） 3.通路（Place） 4.促銷（Promotion）	1.一對一行銷 2.大量客製化 3.整合性行銷
客戶資訊管理	以部門別為行銷重點單位，使得行銷、業務、客服部門接收到不同資訊	顧客關係管理是一個獨立流程，藉由資訊倉儲之連結，使不同部門甚至不同地理位置之組織皆能接收到一樣訊息

資料來源：陳建成（2007）。

內至曼咖啡刷卡任選購飲品一杯，即享有選購甜點一份半價，及零售商品八折優惠。持卡消費者並享有雙倍紅利回饋可以隨時抵換，花旗銀行每月會寄一本折扣及活動目錄給卡友兌換紅利及折扣外，還會寄各種優惠DM給卡友。

藉由上述方式，瞭解顧客需求與偏好，提供客製化服務，讓顧客建立對公司長期的信任，進而提升顧客的忠誠度，做到真正的關係行銷。可見關係行銷的核心基礎，在於企業對顧客的「承諾」能落實，並用「同理心」去思考顧客立場，進而取得顧客「信任」以達到彼此「互惠」的共同關係上。Coviello等人（1997）指出，關係行銷分為四種類型，包含交易行銷（transactional marketing）、資料庫行銷（database marketing）、互動式行銷（interaction marketing）及網路行銷（network marketing）。分別舉例說明如下：

一、交易行銷

過去行銷管理強調交易行銷，主張行銷組合是為了追求利潤最大化，強調短期間內吸引新顧客。然而，當顧客與企業的交易間斷、顧客與員工之間幾乎沒有交集、企業缺乏顧客購買的相關資料時，這種行銷關係是很淺薄而毫無意義的。在餐飲業市場中，顧客的互動非常頻繁，顧客參與常常是交易成功的關鍵，故餐飲業行銷的目的不只是吸引新顧客，吸引顧客只是行銷流程的中繼點，畢竟爭取一位新顧客的成本約為留住一位現有顧客的五倍（Reichheld & Sasser, 1990），企業更應重視留住及維持顧客，並建立長期關係。因此，餐飲業經營重點已從過去強調吸引顧客的「交易行銷」轉為重視與顧客建立、維持長期關係的「關係行銷」，唯有關係行銷能為企業帶來長期利潤。

二、資料庫行銷

　　Berry（1995）認為，關係行銷雖是企業追求的目標，但過去卻因企業建立一對一關係的成本太高而不易執行，近年來隨著資訊科技的進步與處理成本的降低，得以顧客資料為基礎的資料庫行銷成為企業執行關係行銷策略的重要工具。企業會根據資料庫所提供的訊息，與目標顧客建立關係，並保持其購買行為。此種科技性的行銷可被用來：

1.確定並建立起現有及潛在顧客的資料。
2.根據顧客的購買習性與偏好傳送不同的資訊。
3.定期追蹤每個顧客關係，以獲得顧客的成本與購買行為的時間值。

　　以王品牛排館為例，顧客只要曾經在這些餐廳用餐並留下詳細消費紀錄，如曾經指定座位或提出特殊需求（如牙線棒、口味、烹飪方式等），當下次顧客再訂位時，服務人員就能迅速、有禮貌地確認及指引顧客是否要在熟悉位置用餐或事先準備上次需求物品等，這都是拜資料庫技術提升之賜，強化了企業與顧客的友好關係，為標準化服務客製化提供了成功的要件。

三、互動式行銷

　　互動式行銷屬於較密切接觸的一種關係行銷，透過餐旅服務人員與顧客面對面或電話進行溝通。互動的方式可能包括雙方意見的交流與協商，這類的關係行銷早已存在許多產業的交易環境中。

以北投日勝生加賀屋溫泉旅館為例，其導入日本加賀屋的「女將文化」（台灣稱為「管家」），一位女將通常會負責一間入住的房客直到退房為止，專心服務這間房客的需求。而「感動顧客」是加賀屋對每位女將的要求，透過女將與顧客之間的互動與細膩的觀察，通常能清楚掌握與洞悉顧客的旅遊動機與目的，以及對住宿與餐飲的特別需求，然後提供顧客「心裡想要的服務」。例如：一旦發現顧客攜帶往生親人相片一起旅行，女將就會在顧客用餐時主動多提供一個座位與一副餐具。這份同理心，自然為加賀屋贏得了更多的顧客友誼，為關係行銷及口碑行銷奠定深厚基礎。

四、網路行銷

網路行銷是指，利用企業網站、網路廣告、網路郵件、網路媒體報導、部落格行銷活動與文字、社群網站等所有透過網路方式傳遞企業訊息，使消費者更瞭解這個品牌、產品或服務，並提升其偏好程度的一種行銷方式。以王品餐飲集團為例，除了在企業網站上的企業簡介、菜單內容與定價、營業據點、促銷活動、交易方式等外，還可透過其他方式與顧客建立良好關係，進行關係行銷。例如：網站顧客討論區的顧客回饋與交流，及歷年來各家媒體對王品集團的報導剪報等，都能讓消費者留下深刻印象，並靠著用心的網路會員經營，造成口碑相傳，打響品牌知名度。此外，部落格行銷、社群網站的經營（如Facebook粉絲團），都是品牌行銷的利器，而將自家的行銷活動，以電子郵件轉寄作為宣傳的「病毒式行銷」，也是常見的網路行銷方式。

第三節　餐旅業顧客體驗與體驗行銷

　　早在三十年以前，研究行銷與消費者行為的學者便已意識到愉悅消費和體驗消費的重要性（Holbrook & Hirschman, 1982）。Pine II和Gilmore（1998）提倡體驗經濟（experience economy）時代已經來臨，他們認為隨著顧客導向的產業發展趨勢，經濟型態已逐漸轉變，並將經濟的演進分為四個階段（**表8-2**），依序由傳統農業經濟、強調製造及商品銷售的工業經濟、重視服務品質之服務經濟，進而轉型邁入以體驗為訴求重點的體驗經濟型態。體驗不僅是一種獨特的經濟產物，亦為一種有價值的經濟商品。可協助企業擺脫低價競爭循環，創造企業的價值。

表8-2　經濟的演進階段表

特徵 ＼ 演進階段	階段一	階段二	階段三	階段四
經濟呈現	農產品	加工製造產品	服務	體驗
經濟類型	農業	工業	服務業	體驗型產業
經濟功能產生方式	萃取提煉	製造	施行（提供）	籌劃（展示）
呈現狀況	替代品	有形的	無形的	可記憶的
主（重）要屬性	自然的	規格化、標準化	主顧化、客製化	個體化、個人化
存貨方式	實體儲存	生產後列於存貨清單	依實際要求履行	可長遠流傳
賣方	商人（交易者）	製造者	提供者	籌劃、展示者
買方	市場	使用者	委託者	顧客
需求因素	商品本質	商品特性	受惠（利益）	感動（獨特感受）

資料來源：Pine II & Gilmore, 1998.

　　Holbrook和Hirschman（1982）指出，現今的消費者著重感覺的追求，喜歡刺激、富創意的挑戰，期待能夠享受企業所提供的一連串身歷其境的感受。故傳統行銷所強調的產品性能或服務效益已無法滿足現代消費者對於體驗的追求，只有專注於消費體驗的體驗行銷才能夠加以實現。體驗行銷理念在消費者越來越注重本身體驗的現代，已逐漸被廣泛地應用在娛樂業、文化創意及餐旅產業上，未來將成為全球商務的行銷趨勢。行銷大師科特勒曾說：「一家好餐廳的美食與用餐體驗同樣重要。」消費者去星巴克消費不單純只是為了喝咖啡，享受咖啡文化也是重要誘因；到王品台塑牛排館不只為了一客牛排，也可能是為了體驗王品款待重要貴賓的優質服務。可見消費體驗對現代消費者的重要性，而餐旅業者如何設計好的消費體驗以吸引消費者，也是顧客關係行銷與管理的起點。以下針對「顧客體驗」（customer experience）及「體驗行銷」（experience marketing）的實質內涵作詳細介紹。

一、顧客體驗

　　有關體驗之定義相當多元，Holbrook和Hirschman（1982）認為，體驗的觀點通常來自於消費者本身主觀的意識感受，一種精神上的現象，具有象徵意義、享樂反應和美學標準的主觀意識，而呈現出各種具有不同象徵性的意義與情緒反應等現象。PineII和Gilmore（1998）主張，體驗是企業以服務為舞台，產品為道具，創造出令顧客難以忘懷的回憶之活動；體驗是存在於顧客的內心中，是顧客在形體、情緒及知識之參與所得；體驗是來自於顧客的親身參與及經歷，非產品或服務上的特性，而是生活上的特質，最重要的是它能為生活創造出價值。Schmitt（1999）認為，體驗是發生於對某些刺激回應的個別事件，對刺激的回應通常不是自發的而是誘

發的，與事件有從屬或相關之關係，體驗包含整個生活本質，通常是對事件的直接觀察或是參與所造成的，不論事件是真實的、如夢般的或是虛擬的。強調讓消費者即使在未接觸到產品前也能準確接受到產品所要傳達的訊息。

正如美國經濟顧問公司執行長卡彭所言：「談到體驗，我們要站在顧客的背後設身處地想想，要從他們的雙眼看世界，不能帶著太陽眼鏡來想顧客的體驗，且不只看理性的體驗，更要看感性的體驗。」及「人們會忘記你說過的話、忘記你做過的事，但不會忘記你帶來的感覺。」卡彭以過去經驗為例，說明注重提供體驗對企業帶來的差異性及利益。他指出，Howard Johnson飯店於二十世紀初約有八百間飯店，他們是最早推動連鎖飯店的業者。「我與他們共事時，發現所談論的都是如何節省衛生紙等成本來達到降價的目的。絲毫不管顧客的想法，現在他們早已倒閉。」由以上實際案例顯示，忽略顧客體驗的嚴重代價。

陳悅琴、張毓奇（2009）認為，影響顧客消費體驗的因素包含產品特性、消費者的特性、消費者決策過程及行銷運作形式等四大特性。茲以餐飲業為例分別說明如下：

(一)產品特性

Holbrook和Hirschman（1982）認為，產品必須能創造幻想（fantasies）、情感（feelings）和愉悅（fun）的體驗感受，而體驗產品是在追求無形的象徵意義與效益，顧客體驗是來自於對此三者的追尋。Pine II和Gilmore（1998）亦指出，產品（或服務）必須是要有主題、有感官刺激的，且能在消費者腦中留下最好的記憶。以溪頭妖怪村為例，妖怪村一開始就以獨特的「妖怪」為主題，創造與台灣其他景點截然不同的差異化行銷方式，成功的製造話題並

吸引遊客的好奇心,使遊客願意專程前往一探究竟。而其圍繞著「妖怪」主題的體驗行銷策略非常成功,包含整條商店街、店招及店的名稱等充滿「妖怪」意象,並藉由販賣各種琳瑯滿目的「妖怪玩具」、「妖怪食品」及「妖怪用品」等,刺激遊客感官;並藉由說故事及表演方式引起遊客的思考與情感知覺,加深遊客的體驗感受,彷彿身臨其境,置身於森林深處的「妖怪村」中。

(二)消費者的特性

Schmitt(1999)指出,今日消費者所期待的,是能夠與自身生活息息相關、能觸動感官與心靈的行銷活動方案。因此,瞭解消費者的特性,對消費者做適度的市場區隔,並提供符合其特性之顧客體驗活動及行銷方案是很重要的。因為目標客層的需求決定體驗設計,進而決定品牌定位走向。而顧客關係管理(CRM)對不同市場區隔的顧客特性,可即時提供資料與分析結果,對制訂體驗行銷方案有很大助益。以王品集團為例,王品台塑牛排為了彰顯顧客的尊榮體驗,而將品牌定位為「款待重要的客人」;為了克服傳統燒肉店用餐環境的暗、髒、擠等刻板印象,王品集團推出以「原汁原味的好交情」為定位的原燒;為了滿足朋友、家人、同學圍爐相聚的

作者攝影

體驗，而推出「相聚的感覺眞好」的聚北海道昆布鍋。

(三)消費者決策過程

決策過程包含一連串的有形或無形的步驟，此時餐旅業者應設身處地爲消費者著想，並瞭解其決策心理及行爲意圖，有助於增進其對標的物的領悟以及感官與心理所產生之情緒，讓顧客有所感受，留下深刻印象。因此，精確掌握消費者決策過程及需求，便能爲企業創造源源不絕的客源與商機。王品集團便是其中的佼佼者，如針對顧客的「心理需求」，推出「王品牛排」；爲讓顧客吃燒烤也可以很優雅、舒適而無油煙，解決傳統燒肉店顧客的「用餐問題」，推出「原燒」；爲滿足某些族群常有相聚的需求，王品集團針對「消費時機」，推出「聚北海道昆布鍋」等。

(四)行銷運作形式

Schmitt（1999）指出，行銷體驗五種策略體驗模組會相互作用，並刺激消費情緒。而消費者對於不同的產品或服務所提供的五種策略體驗模組之偏好、期望或認知可能有所不同，因此該透過哪些體驗媒介傳遞服務體驗較適當，亦是業者必須妥善規劃之處。以星巴克咖啡爲例，它提供顧客不同於以往咖啡廳之氣氛設計，成功地讓顧客感受深刻的咖啡文化體驗，強化了顧客對星巴克咖啡的品牌印象，讓星巴克不僅是喝咖啡，還是販售「咖啡體驗」的地方。星巴克創辦人Howard Schultz曾說：「每家星巴克咖啡店都經過精心設計，而感官體驗是建立品牌不可或缺的一環。」星巴克透過輕柔的音樂、濃郁的咖啡香、富美感的裝潢設計、舒適的溫度及座椅等感官刺激，讓消費者體驗異國咖啡文化，進而達到情感與思考體驗，甚至讓前往消費的顧客有尊貴的關聯體驗知覺。因此，儘管價

格較爲昂貴，星巴克咖啡仍擁有一群忠誠的顧客，再次前往消費的願意很高。

　　不同的行銷人員對體驗行銷可能會有不同的作爲，但是在吸引與取悅顧客上是一致的。越來越多的消費者購物時，喜歡有快樂的冒險、愉快的使用產品，越來越少人因品牌而決定購物，意味以顧客體驗爲導向已成趨勢。

二、體驗行銷

　　在消費者行爲的相關研究中，「體驗」的概念早已被討論著，直至Schmitt（1999）在其所著的*Experiential Marketing*一書中，以神經生物學、心理學及社會學等觀點分析顧客行爲，才正式提出「體驗行銷」的理論。有關體驗行銷之定義、架構及體驗矩陣（experiential gird），詳述如下：

(一)體驗行銷的定義

　　「體驗行銷」的定義是「基於個別顧客經由觀察或參與事件後，感受某些刺激而誘發動機，產生思維認同或消費行爲，增加產品價值」（Schmitt, 1999）。消費行爲包含消費本身及消費過程中的感官迷眩、觸動心靈、啓發思維與其生活型態相結合的體驗追求。體驗行銷的最終目的是爲顧客創造整體的體驗、提供顧客有價值的體驗。爲達到此目的，銷售人員須營造正確的環境及場景，創造顧客所嚮往的娛樂、刺激、情感誘發及具有豐富創意的消費體驗。

(二)體驗行銷的架構

　　Schmitt（1999）以個別消費者的心理學與社會行為理論作為基礎，將體驗行銷的架構分兩個層面，分別為：(1)策略體驗模組（Strategic Experiential Modules, SEMs），它是體驗行銷的基礎策略；(2)體驗媒介（Experiential Providers, ExPros），為體驗行銷的執行工具，用以協助體驗的供給者設計正確美好的體驗，達到滿足消費者對消費體驗的渴求，藉體驗的效果提升消費者內心的功能性與社會性價值。

◆策略體驗模組

　　Schmitt（1999）認為，消費體驗是在消費過程中對產品或服務特有的感覺所產生不同型式的反應。Schmitt（1999）為了創造顧客不同消費體驗型式，將消費過程中對產品或服務的感覺所產生的反應劃分為五種策略體驗模組。這些體驗模組可說是體驗行銷的策略基礎，它們分別是：(1)感官（sense），是指創造與知覺體驗；(2)情感（feel），是指觸動消費者內在的情感、情緒的反應；(3)思考（think），是指運用創意引發消費者去創造認知與解決問題；(4)行動（act），是指藉著身體對體驗尋求替代的方案；(5)關聯（relate），是指讓消費者個人與較廣泛的社會系統產生關聯。它們的訴求的目標與方式分述如**表8-3**所示。

餐旅業 行銷管理

表8-3 體驗行銷的策略體驗模組之策略基礎

策略分類	訴求的目標	訴求的方式
感官	創造刺激感官衝擊，提升產品附加價值	運用途徑達成感官衝擊，經由視覺、聽覺、嗅覺、味覺與觸覺等方式完成刺激，創造知覺體驗，達成行銷的目的。感官行銷可區分為對公司與對產品的感官
情感	觸動內在的情感與情緒	瞭解可以引起消費情緒的刺激方式，促使消費者主動參與。其範圍包括對品牌的正面心情與負面情緒連結，我們將會看到，大部分自覺情感是在消費期間所發生的
思考	以創意誘發思考，涉入參與，造成典範的轉移	經由創意、驚奇引起消費者興趣，挑起消費者作集中與分散思考，使顧客對於產品產生創造認知與解決問題的體驗
行動	訴諸身體行動經驗，與生活型態的關聯	藉由增加消費者親身體驗，指出替代處理方法，改變消費者生活型態與互動，豐富消費者的生活
關聯	讓個體與理想自我、他人或社會文化產生關聯	包含了感官、情感、思考、行動行銷等層面，惟超越了個人人格、私人感情，加上個人體驗，讓產品與社會文化環境產生關聯，進而對潛在的社群成員產生影響

資料來源：Schmitt, 1999.

◆體驗媒介

體驗媒介是體驗行銷戰術執行的工具組合，用以創造一個具有感官、情感、思考、行動及關聯體驗的活動案。Schmitt（1999）認為，體驗媒介包括以下七種型態的溝通工具，分別是：溝通（communications）、口語與視覺識別（verbal identity and signage）、產品呈現（product presence）、共同建立品牌（co-branding）、空間環境（spatial environment）、電子媒體（electronic media）與人（people）。詳細說明，如**表8-4**所示。

200

表8-4　體驗媒介類型與呈現形式

體驗媒介類型	呈現形式
溝通工具	包括廣告、公司外部與內部溝通、品牌化的公共關係活動案。如廣告、雜誌、廣告目錄、小冊子、新聞稿及年報等
口語與視覺識別	運用於創造感官、情感、行動、思考與關聯體驗的品牌體驗形象。如品牌名稱、商標與標誌系統等
產品呈現	產品設計、包裝、品牌的吉祥物等強化印象
共同建立品牌	事件行銷與贊助、同盟與合作、授權使用、電影中產品露臉，及合作活動案等
空間環境	建築物、辦公室、工廠空間、零售與公共空間，及商展攤位等
電子媒體	網站、電子布告欄、線上聊天室等
人	銷售人員、公司代表、客服人員，及任何與公司或品牌相連結的人

資料來源：Schmitt, 1999.

(三)體驗矩陣

　　「體驗行銷」乃透過多元化的「體驗媒介」強化顧客對產品或行銷方案的整體感受，讓顧客的五種感官皆能體會到體驗行銷的魅力，達到行銷的目的。若以「策略體驗模組」為緯，「體驗媒介」為經，便可組合成「體驗矩陣」之思考藍圖（圖8-1），業者可依據欲達成的策略目標，選擇適當的體驗媒介，並於個別的欄位中，激發創意以設計出不同的行銷方案，用來作為體驗行銷的策略規劃工具，行銷人員在使用體驗行銷策略時，得以評估體驗行銷效果。餐旅業者可透過不同於傳統的「體驗媒介」呈現方式（包含溝通工具、口語與視覺識別、產品呈現等），改善一般傳統行銷方式之效益。

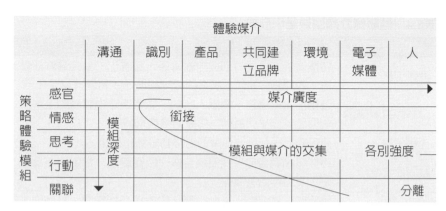

圖8-1　體驗矩陣

　　體驗矩陣中具有極佳調整的彈性，能依公司策略訴求與欲達成的目標，對體驗行銷的強度、深度、廣度進行必要調整。在體驗矩陣裡每一個空格代表針對某一體驗媒介所能提供的特殊體驗的感受，運用提升強度去擴散這種獨特經驗，給予不同的強度來管理。另外藉由增加更多不同的體驗媒介，來擴大體驗的廣度，對體驗達到充實與補強效果。並運用體驗模組管理，從個別體驗到整體體驗，去提升體驗媒介的效果，來加深體驗的深度。最終是全面性的連結達到全面效率的管理，綜合檢討模組與媒介的相互關聯性，對持續銜接或適時的分離加以修正。

　　為突顯體驗行銷的概念與特點，及其與傳統行銷的區別，Schmitt（1999）將傳統行銷與體驗行銷的特徵分別比較與陳述，如**表8-5**所示。由此表可知，今日的消費者已視商品的性能及品質等為必備要件，「品牌」應被重新界定為「體驗」，不再只是「識別標誌」，消費者的渴求已轉變為一種感官的滿足及心靈的感動。因此，若在行銷上越能傳遞與其生活風格相契合之體驗，則該商品就越能獲致成功（江存仁、張瑞玲，2006）。

表8-5　傳統行銷與體驗行銷之特徵對照表

行銷方式 特徵	傳統行銷	體驗行銷
行銷目的	產品的性能與效益	感官的、情感的、思考的、行動的與關聯的體驗
建立品牌方式	品牌為公司產品的靜態識別物，僅為商標名稱廣告標語	品牌為重要的體驗提供者，為體驗媒介
宣傳焦點	產品功能與性能	顧客之體驗感受
競爭者認定	依產品類別	依消費情境
視消費者為	理性消費者	理性與感性消費者
市場研究	分析、定量與口語方法論	彈性與多元的
對商品的觀點	產品範圍及競爭均十分窄化	用以帶來全面體驗的媒介
對消費者的預設	理性決策者	兼具理性與情緒
行銷方法與工具	分析、量化、語言取向	不拘一格的

資料來源：Schmitt, 1999.

失望總在期待中…好的服務才是最好的行銷

　　參加國際學術研討會，應該是很多學術界的老師們會參加的活動，今年我也不例外的參加印尼巴里島的國際研討會，在去之前夥伴們就事前規劃研討會完後，要去那兒玩耍及觀光等。我也抱著歡喜心，因為我沒去過巴里島，從旅遊書或報章雜誌得知，那裡是度假天堂，心想這幾天為了準備製作上台presentation的powerpoint及上台報告預演而忙碌，但一想到除了參加研討會還能度假，內心就比較平衡且期待研討會的到來。

　　研討會的日終於到了，我們幾位老師們一大早穿著休閒輕鬆酷似要去夏威夷度假的心情上飛機，幾乎忘記起個大早為了搭飛機的的辛苦。我還特別去買了墨鏡、泳衣等，整裝出發至巴里島，Happy, Happy, Happy…。

　　一下飛機，司機接我們至大會安排的飯店註冊時才發現──沒有我的住宿名單，但我真的有註冊，而且也有大會mailed 給我的訂旅館的確認單，但我不知道為何找不到我的名字，於是我就找大會的服務人員幫忙瞭解，她有解釋但我始終聽不懂，因為她們內部溝通不是很好，她說她們有將我的資料傳真給飯店，但有可能飯店的訂房人員疏忽，所以才沒有我的訂房資料，但這理由很牽強，因為我已經事先刷卡動作，且有收到大會給我的旅館確認單呢！眼看其他同事都陸續辦好註冊及check-in的動作，此時的我不想在這問題點上爭執，我只想找一間房間住，於是我告訴她們那是不是可以馬上再給我一間房間呢？結果飯店櫃檯人員告訴我房價是rack rate（原價），我必須付出比其他老師們更貴的房價，且房間型態是一

樣的，她說因為其他老師是參加研討會，享有優惠，我告訴她們我也是來參加研討會為何不能跟其他老師是一樣的價錢，況且我本來就有訂房，是大會跟飯店疏失，搞成我沒有房間，本來我就有點生氣，但想想在異地，能夠解決問題最重要。這時我也勉強給信用卡，請幫忙做check-in，沒想到，我的信用卡過不了卡，我連續換了三張信用卡都失敗，但我心想三張卡都有金額怎麼會不行呢？後來才知道，原來巴里島很多飯店只接受她們認可的信用卡，所以國內很多信用卡公司，在印尼的巴里島是行不通的，因為飯店跟信用卡銀行有扣手續費問題。這是我頭一遭碰到這樣的情形，因為我以前在美國、歐洲等國家也沒碰過。我告訴她們我的信用是沒問題的，她只說Sorry，這是她們飯店的政策。後來只好問她們接受哪一款的信用卡，努力請同事們幫忙，先幫我刷卡，我再付錢給同事。就這樣我終於有房間住，但心想這飯店怎麼是這樣的服務，因為這整個過程給我的感覺就好像問題在我，她們沒有問題，信用卡過不了卡，也是我的問題，雖然我最後有住的地方，但我一點也感覺不到服務與熱情，本來想要來半度假的心情已經被磨掉一些。但我還是告訴自己，不要再為這件事生氣，準備明天的presentation才比較重要啦！

隔天大會安排的Welcome Party後，我在櫃檯看到我博班時的學長，他也參加這次的研討會，因為想說來巴里島，所以也一同帶老婆來度假，但沒想到，因為老婆沒註冊，故不方便參加大會舉辦的歡迎會，所以學長老婆就自己出去飯店外面逛逛，但她事先沒跟學長說她要去哪？況且也沒有人跟著她去，而外面不巧地正在下大雨，時間就這樣過了約四個小時，學長在那裡乾著急，不知道怎麼辦，只能在飯店大廳外盼望著老婆歸來，但還是一直等不到，這

時候學長更著急了。我看這樣也不是辦法，於是就跟飯店的值班經理（duty manager）說明狀況，希望他們幫忙，但他回我說，目前飯店的員工都在忙，無法派一個員工專門幫忙找，然後繼續接聽他的電話，好像這件事情跟他沒關係。我看了實在有一點惱怒，等他掛下電話，我告訴他，她是你們飯店的住客，所以他應該幫忙處理找人，我說因為我們人生地不熟，不然你幫我叫計程車，這樣也方便我們自己去找。這位值班經理給我的感覺又是很不在乎，這問題似乎對他沒感覺，我心想這樣我也可以當經理，他一點同理心都沒有，我看學長著急得好像熱鍋上的螞蟻，但飯店經理似乎一點也不在乎，真是傻眼。我問學長是否有請飯店的人幫忙，學長告訴我，他有跟櫃檯人員說，櫃檯人員有跟值班經理說，但答案一樣，目前沒有員工可以幫忙找。最後我實在氣不過，跑去跟經理說，請他幫忙我們找計程車，帶我們去飯店附近的餐廳找人。那經理看我有點生氣了，才要打電話，我心想你打一下電話有那麼困難嗎？你這值班經理怎麼做的呢？我也很懷疑這是什麼水準的客務服務？就在此時，我看到學長說，她老婆回來了，我想他內心的不安及著急總算是放下，但他不免對自己老婆有抱怨，為何出去那麼久，又沒告知，他老婆回答，因為她沒去參加Welcome Party，想說自己出去吃飯，但飯店距離其他餐廳又有一段距離，因為她對當地的食物也不甚瞭解，所以她比較幾家餐廳後才決定要吃什麼，且加上下大雨，她又等雨比較小時才回飯店，但在回來的路途又迷路，所以才搞那麼久，其實她自己也有一點擔心。我告訴學長老婆回來就好了，不要因此而影響往後幾天的行程。我對飯店值班經理的服務態度真的很不欣賞，但學長對我的熱心幫忙卻很感謝。學者及其他同事都說我比那位值班經理還適合當duty manager，這讓我想起如果我當初沒

有離開飯店工作，或許我現在也有可能是manager呢！

　　一早，我就準備行李，結束幾天的研討會及觀光，這幾天最高興的是跟同事去按摩，因為在台灣真的比較沒時間去按摩，因為每天的行程滿滿，難得這幾天除了參加研討會後，每天晚上都去按摩或吃美食，對於巴里島的風景我個人覺得不錯，但對這家飯店的服務真的不是很滿意，因為我發現房務人員似乎不是很盡責，浴室備品有兩天沒有補齊，如沒有大毛巾，還好我對房間內的備品英文單字記得還蠻多，所以打電話去房務中心要大毛巾。就在排隊等check-out時，聽其他的同事說他們的房間也有同樣的問題，但他們都只是在心裡發牢騷，並沒有打電話，只是認為飯店沒有做好整理房間的服務工作。輪到我check-out時，我發現我的帳單有一筆消費額，我跟出納人員反應，我沒有使用min-bar所以帳單上的酒類消費是有問題的，該出納人員叫我等一下，他查電腦後告訴我，電腦的紀錄有我的酒類消費，我告訴他，我真的沒使用min-bar內的東西，況且消費的時間是晚上7:30，該時間我在飯店外的按摩店按摩，故我不可能在房間內，我還舉證該日晚上一起去按摩的同事，但飯店的出納似乎只相信電腦內的資料，於是我告訴他，可以請他們的櫃檯經理出來處理，櫃檯經理出來時是有先說抱歉，但他還是告訴我電腦資料有我的消費紀錄，我一再強調我真的沒有消費，因為根據我以前在飯店工作的經驗，這有可能是房務員入錯帳等問題。前檯經理告訴我，他會詢問房務員這筆消費入帳是否正確。這時我真的有一點按奈不住，一方面我真的沒消費，二方面我怕在這裡耽誤太多時間會耽擱我搭飛機的時間，於是我告訴櫃檯經理，我真的沒有消費，請他先不要浪費時間作調查，詢問房務員，請他先將我的帳單中該筆金額刪掉，讓我離開飯店，不管他問的結果是怎樣，我都

不會付這筆帳，因為我真的沒消費，我的態度很強硬。最後，櫃檯
經理才叫櫃檯服務人員將那筆費用扣除，此時我馬上托著行李離開
這家飯店，一點都不留戀，因為這家旅館從此列入黑名單內，成為
拒絕往來戶。我相信以後這家飯店再怎麼行銷，即使是免費提供住
宿，我都不會去光顧。

第九章

餐旅業公共關係
與報導

- 公共關係的定義與功能
- 公共關係的內外關係
- 公共關係規劃與活動
- 個案分享

　　公共關係是為了使消費市場對該業者有正面良好的形象，以及該業者對其消費市場表達善意的關懷。透過公共關係活動之溝通功能，對餐旅業者產生很大的助益；也能讓消費市場透過此溝通管道瞭解該業者，因瞭解而能接受，進而喜歡而有所偏好，使之成為他們最佳選擇的消費場所，甚至成為社交休閒娛樂的場所。公關在整個企業識別系統中扮演行為的部分，就是企業基於它的理念而形諸於外的一切動作。公關需要靠人的計畫去推動一種訊息的傳遞，藉此與目標對象建立以誠信為基礎的關係。好的公關工作，必然是知己知彼，經過瞭解對方的需要而訂定策略。公關工作能發揮功能的話，可幫助人、企業或產品提高知名度，改變目標對象對某事或某物的認知而爭取支持，甚至可以協助企業澄清誤解，順利解決危機（梁吳蓓琳，1995）。

　　在從事餐旅服務業公共關係當中，有一「事件」要適時適當地處理以「導正視聽」為主，進而以良善溝通，創造好的口碑。口碑是顧客與顧客之間、顧客與消費者之間口耳相傳，針對某一特定業者與其產品及服務，對其單項，或多項，或整體之觀感和褒貶評價。口耳相傳的口碑是替業者免費宣傳的，雖然業者無法控制，但無形之中，對業者的營運榮枯及形象好壞影響很大。公關單位這時候的功能，即是讓正面價值的口碑相傳的效果擴大，再加上有效經由傳播媒體報導的「推波助瀾」，加深大眾對該業者良好的正面形象；若有負面的口碑相傳時，要迅速地用正確的訊息予以澄清加以導正，不讓負面的口碑持續擴大以正視聽；在平時就要與相關媒體保持良好的關係，以備若有突發事故發生或潛在耳語出現時，才可避免過於大肆報導負面或有不利於該企業的報導產生。本章依序介紹公共關係的定義與功能、公共關係的內外關係、公共關係規劃與活動及個案分享。

第一節　公共關係的定義與功能

一、公共關係的定義

　　究竟什麼是公共關係呢？至目前為止尚未有一個通用的、統一的定義，對於這門新的學科和事業。如公共關係是「長期持續批評公司善惡的語言和行為」；是「透過可以使人接受的行為和雙向傳播，來影響群眾意見的有計畫的努力」等。公共關係定義不盡相同，但瞭解公眾對公司的看法；籌劃增進或維持公司的形象等等。公共關係包羅萬象，涉及的領域十分廣泛，只要和調查、影響、評估群眾態度以及樹立公司形象有關的事情，都屬於公共關係的範圍域；提出忠告，參與決策；運用各種傳播藝術與技術進行雙向溝通影響民意。鈕先鉞（2009）指出，公共關係是指個人、公共團體、企業組織和政府機關間的活動，主在建立及維持人與人之間、組織與組織之間、組織與個人之間的瞭解與和諧之關係，並將彼此經設計過的訊息和資料，傳達給對方，以獲得對方的瞭解與支持，並促進彼此良性的互動關係。梁多梅（2009）指出，旅遊公共關係，具體地說，就是旅遊組織運用各種資訊傳播手段，在其內部和外部形成雙向的資訊流通網路，從而不斷的改善管理與經營，贏得公眾的信任與支持，取得自身效益與社會整體效益完美統一的政策和行動。

　　公關人員皆要妥善地整合新聞稿、專題報導與招待會等相關事宜，且要環環相扣，而其所提出的主題訴求與活動內容要一致性，並須具有吸引力的話題才能產生「催化」活動的效益。首先，針對

活動的主題目的、訴求、特色，撰寫新聞稿，事先預告傳播媒體，並於宣傳期間設計階段式的新聞內容，必要時再以廣告宣傳襯托；再來是邀請電視／廣播節目製作單位進行專題報導，引起話題的注意、醞釀及「推波助瀾」，進而希望能引起廣泛的報導與討論；在活動（event）前舉行招待會，邀請與活動主題有關之知識人士（或藝人）、協辦單位、贊助廠商、傳播媒體和記者共同與會，並介紹活動內容及說明活動目的；並可以設計表演活動，以面對面生動的表達方式透過媒體與消費者進行間接或直接的接觸，以延續或擴大宣傳效果。

二、公共關係的功能

李潔（2001）指出，公共關係的主要功能為傳播溝通、協調關係、服務功能、塑造形象及增進效益。茲說明如下：

(一)傳播溝通

不只要蒐集訊息，為旅遊組織決策提供各種諮詢，而且還要善於把良好的旅遊組織或實體方針、管理政策、優質產品（服務）、技術及其人才方面的實力等訊息有效的傳播出去，為更多的旅遊者所知，以增強旅遊者對旅遊業者的瞭解和廣大業者的影響。

(二)協調關係

旅遊業者在大眾的心目中之形象，不僅取決於自己內部員工的素質，也取決於內部員工與員工、部門與部門及組織與外部環境，外部大眾、旅遊者之間的關係，妥善處理好這兩方面的關係是旅遊業公共關係工作者的重要職責。

(三)服務功能

多數旅遊者外出旅遊是爲了滿足精神上的享受和需要，旅遊業爲他們提供的服務，雖然包含某些有形產品的服務，但旅遊服務形式是無形產品的服務，是以提供勞務爲主的旅遊服務。

(四)塑造形象

旅遊組織良好的形象，首先建立在提供優質產品和優良服務的基礎上。作爲旅遊業，想在競爭中立足，不僅要有良好的基礎，而且要有善於塑造組織美好形象的技能，這也是旅遊公共關係的主要功能。

(五)增進效益

旅遊公共關係不僅能幫助旅遊組織與公眾、旅遊者溝通和協調，而且還有全面增進效益的功能。這裡的效益既包括旅遊組織的經濟效益，也包括給社會帶來的整體效益。

公共關係工作之目的，進一步地說：對內目的爲維護企業文化、傳達企業政策及營業方針、協助企業識別系統之建立與闡揚、內部協調與溝通事宜，使得企業上下同心協力；對外目的爲維護及提升企業形象、消費大眾與媒體整合溝通、行銷輔助計畫運用及危機預防與處理。

 第二節　公共關係的內外關係

　　很多人認為公共關係主要為對外溝通與接觸，其實它可分為對內公共關係與對外公共關係。無論是對內或對外的公共關係，對餐旅行銷皆很重要。以下將針對內外公共關係做進一步說明。

一、內部公共關係

　　內部公共關係的工作可分成三部分，即建立CIS（Corporation Identity System）、傳達企業文化及傳達企業政策與方針。茲說明如下（曾柔鶯，2008）：

(一)建立CIS

　　CIS也就是企業識別系統。愈來愈多的企業懂得用CIS，也瞭解CIS的重要性。例如：星巴克的CIS為Starbucks，星巴克在玻璃牆的下部都會貼上星巴克特有的四種符號「土，木，水，風」及綠色圖形的星巴克圖騰，它們除了是星巴克的CIS之外，同時也是星巴克用來營造室內空間的「品牌語言」（brand language）。。而華航的CIS為「紅梅揚姿」，「紅梅」象徵自信謙虛、成熟內斂、體貼入微心意；「篆印」追求卓越創新之承諾與自信。「紅梅揚姿」凝聚華航宏觀視野與旺盛活力。CIS除了給人一種整齊而有規模的感覺外，同時可給員工一個屬於自己公司的標誌與精神，增加對公司的認同感與向心力，且具一致性與標準性，使企業的正面形象長久深植於顧客心目中。CIS重要性日增，餐旅業行銷者必須特別用心於此。

(二)傳達企業文化

　　每個企業都希望能創造及樹立屬於自己的企業整體風格特色。85度C主要以品質、專業、創新及責任四大部分為公司企業文化，亦為公司目標政策及全體員工之共識。全方面提升產品品質，專業人才的培養、商品研發、優質競爭力，不斷求新求變，因應整個市場，以及持續關切與要求企業對於加盟業主、員工和消費者的責任，全員精益求精、追求最大消費者滿意，發揮最大化的企業責任。

(三)傳達企業政策與方針

　　這也是企業決策者（管理者）與員工的溝通管道，透過公關來宣導公司政策，使員工認同。例如：公司要到外地去設廠投資，為避免員工心生惶恐、反彈或示威遊行，公關部門必須向員工解說這項決策的因素。或許設廠地點對員工而言很陌生，此時公關還要透過各種管道與方式，來告知員工此處的特色。經由如此之溝通，可讓員工認同及肯定公司的決策，對公司更具向心力。例如：國際觀光旅館十分重視內部溝通管道，定期獎勵服務優良的員工，以海報、美工的方式，將公司政策張貼出來，達到傳達政策並鼓舞激勵士氣的目的。

二、外部公共關係

　　組織或企業外部的公共關係是指與其運行過程發生一定聯繫的所有外部關係的總和，包括消費者關係、社區關係、媒介關係、競爭關係、政府關係等，茲說明如下（MBA智庫百科，2013）：

(一)消費者關係

今日的餐旅業者與消費者存在著密不可分的關係。消費者（顧客）的需求是餐旅業一切活動的中心和出發點，也是餐旅業生存和發展的前提條件，增進餐旅業與消費者的關係，對於餐旅業與消費者互動有著十分重要的意義。餐旅業者處理消費者關係，基本目標應包括以下四個：(1)熟知與餐旅業最密切的顧客的各項需求；(2)強化餐旅業聲譽，提高知名度和美譽度；(3)建立相對穩定的消費者或顧客隊伍；(4)不斷取得消費者的理解和支持。餐旅業者如何贏得消費者信任的重要途徑如下：

首先，提供優質的產品或服務，優質產品是維繫與消費者關係的最根本因素，如以誠相待顧客及做好產品的銷前售後服務等，贏得消費者對公司良好信譽。

其次，重視與消費者的訊息交流，如妥善及時處理消費者投訴，其應注意以下幾點：態度要誠懇、處理要及時、分析要全面。

此外，適度地對消費者作宣傳也很重要，利用各種條件和機會向消費者宣傳本企業的形象和產品，培育消費者對本企業的厚愛心理，變中立公眾為順意公眾。

最後，積極維護消費者的利益：(1)獲得商品和服務安全、衛生的權利；(2)瞭解商品和服務的權利；(3)自願選擇商品和服務的權利；(4)監督商品和服務的價格與質量的權利；(5)對商品和服務提出批評和建議的權利；(6)購買商品和接受服務受到損害時索取賠償的權利；(7)其他為社會公認並與國家法律不相牴觸的權利。如王品餐飲集團追求的不只是顧客滿意，而是要感動顧客關係。因顧客是一個企業生存的基石，因此現代企業莫不以顧客的意見至上，極力追求顧客的超滿意。未來追求永續經營，亦須以顧客為依歸。「顧客

的滿意度，不等於顧客的忠誠度」，因此在追求顧客滿意之餘，最重要的是要能打動顧客的心。

(二)社區關係

社區是一個社會學概念，即人們共同生活的一定區域，如村落、城鎮、街道等等。企業或組織的社區關係主要是指企業或組織與周圍相鄰的工廠、機關、學校、商店、旅館、醫院、公益事業單位以及居民的相互關係。維繫好組織或企業與社區的關係，應該做好以下幾項工作：

1.主動加強與四鄰的交往。
2.保持與社區的訊息溝通。
3.努力使組織成為社區的驕傲。
4.熱情為社區建設出力。
5.積極為社區排憂解難。
6.保護社區的利益。
7.參與社區組織的各項活動。

如台灣麥當勞，1997年成立「中華民國財團法人麥當勞叔叔之家兒童慈善基金會」，開始具體落實「關懷兒童，回饋社會」的承諾，在協助推廣兒童醫療、兒童教育的公益活動上，具體落實麥當勞創始人Ray Kroc所提出「我們有責任取之於社會，用之於社會」的企業經營理念，堅持全力負起優良企業公民的責任。

(三)媒介關係

媒介關係的意義：報紙、雜誌、廣播、電視這四大新聞支柱，以其傳遞訊息的迅速，受眾數量巨大，影響波及面廣的特點，正日

益成為影響和傳播社會輿論的權威性機構。媒介關係在公共關係中占據核心位置。因為從傳播學的角度而言，在社會關係中，媒介作為守門員，用來控制流向其他團體的訊息。媒介工作者並不是那種只受組織的影響，而不影響人的團體。但另一方面，他們像其他人那樣尋找、加工訊息，然後把訊息傳遞給其他公眾。處理媒介關係的原則，歸納起來，稱為「三要四不要」原則。其中，「三要」是指：一要以禮相待，二要以誠相待，三要平等相待；「四不要」是指：一不要無理干涉，二不要以「利」相交，三不要急功近利，四不要雜亂無序。媒介關係的工作如下：

1. 組織撰寫新聞稿。新聞稿可以涉及到以下內容：如滿足社會需要的新聞稿；滿足思想領域需要的新聞稿等。
2. 利用新聞媒體發廣告。
3. 舉辦新聞發布會。
4. 邀請新聞界參加本組織的活動。
5. 為媒介製造新聞。

舉例來說，麥當勞於民國73年，成為第一家速食業引進國內市場。當時在開幕之前，允諾將以台灣農產品為其主要食材之主要採購對象，受到新聞媒體廣為報導，獲得國內農產品供應商的正面回響；也因為是第一家「登陸」台灣的國際連鎖型速食業，帶給潛在消費者的期盼與好奇。因此等訊息傳出，皆使其在未登陸台灣之前，便已經「未演先轟動」。又因在台第一家店（台北市民生東路店）開幕首日，就創下當時單日營業額一百萬元的紀錄。這些成功的因素，起於事前大量的活用公共關係之運作，經由大眾傳播媒體的「免費」公共報導，不僅不必花什麼錢，其效果更是廣告所無法望其項背的。

(四)競爭關係

◆當代社會競爭的特點

1. 競爭範圍日益擴大，從地域性市場到全國市場，從國內市場到國際市場。
2. 市場性質逐漸變化，從賣方市場到買方市場；從生產者導向到消費者導向。
3. 競爭重點不斷轉移，從價格和技術的競爭到非價格非技術競爭。

◆競爭關係的焦點

企業與競爭對手之間的競爭關係，最為敏感的焦點有以下四個：價格、合作、廣告商標、技術。

◆正確處理競爭關係

企業與企業之間，只有建立既競爭又合作的關係，才能使自己適應於環境，維持自身的存在與發展。如麥當勞和肯德基也推出多樣的餐點供人們選擇。麥當勞為了要鞏固在市場上的地位，不斷用促銷方案「輕鬆省」來吸引顧客上門，肯德基也陸續引進勁爆雞米花、墨西哥雞肉捲、葡式蛋塔等新產品提供消費者有更多樣的選擇，他們隨時隨地都在更新及新增方案來刺激消費者的慾望，促使消費者前往來消費。麥當勞主打是「低價產品衝高業績，複合店中店拉大客層」，而肯德基的密技是「新鮮現做美食至上，營造溫暖店內氛圍」。兩者間存在一種鞭策力、壓力，但卻是企業發展的動力，彼此處在互相競爭與鞭策發展關係。

(五)政府關係

　　政府是國家權力的執行機關。它對全社會各部門、各行業乃至各企業和各階層人士進行統一管理。管理和被管理者,必然發生聯繫。因此,企業和政府之間存在著不可分離的關係。政府關係的意義為資本主義國家的組織或企業往往採用以下幾種形式和政府溝通:

1. 經常分析政府的政策、法令,研究與組織有關的政治環境、政治事件等,把政府官員的活動情況掌握在企業或組織有關部門的視野中。
2. 企業或組織領導人以個人身分參加政府活動,加強與政府官員的私人交往。
3. 爭取選民支持,透過選民督促他們選出的議員對企業或組織做出有利的支持。
4. 利用大眾傳播媒介,向政府和社會公眾報導企業情況,爭取輿論支持。
5. 支持協助各級政府解決社會經濟,包括資助地方社會公益事業,爭取政府的好感和信任。

　　以2011年為例,全球受歐美債衝擊,景氣呈現「外冷內溫」景況。國內傳產業的本土連鎖餐飲龍頭王品集團董事長戴勝益則宣布,王品明年將調漲基層員工與工讀生薪資,加薪幅度高達5%。此外,台北市勞工局辦理大型就業博覽會,有三千多個工作機會以餐飲業為主,如麥當勞、王品集團都釋出大量職缺,吸引近三千人到場求職,此舉,將可以提高國內就業率,亦可爭取政府對餐旅業的好感和重視。

第三節　公共關係規劃與活動

對餐旅業者規劃與活動而言，主要是加強企業內部組織人員的和諧與同心，藉以提升企業之生產力，以完成企業之經營目標，且強化與新聞媒體間的互動與配合，建立與顧客和消費者之間的良好關係，以不斷的招徠生意。至於和鄰居社區的公關，則是要建立彼此共生的整體觀念。而與政府機構的公共關係，是要求能配合政府政令推動，並配合政府整體經濟建設計畫的發展。如旅館要推動公共關係之活動，一定要有組織部門之設立與運作，以及公關人才之培育，並且要懂得公關之知識與技巧，最好要能與媒體建立良好之溝通管道，進而善用媒體之功能與運作（鈕先鉞，2009）。以下將針對公共關係報導規劃與活動進一步說明（賴文仁，2002）：

一、公共關係報導規劃

公共關係報導規劃的做法如下：

1. 擬訂年度活動企劃案，依月份之活動推出之日期或期間，準備相關活動事件報導的參考資料。
2. 依大小及重要程度，於活動執行前之適當時間，將欲舉辦的活動主題、重點內容及日期告知適當的媒體，供採訪媒體方面排行程，行銷人員則須備妥報導之參考資料。
3. 在活動或其他事件的當天或前一天，行銷人員或業者依活動／事件的重要性或大小，舉行記者招待會或茶敘；至於採訪媒體會不會到場，則會視其專業判斷是否該活動／事件具有新聞價

值而決定與否。

4.有些應時應景的節日活動大部分餐旅同業均舉辦者，只要於前天或擇適當時間，將新聞稿投稿至位於中央通訊社大樓之各家報社之信箱，或直接傳真，或透過電子郵件，供媒體作為新聞題材的報導機會。

5.若臨時發生的事件，或近日要發布有關業者本身經營或服務方面的臨時消息稿，供媒體選擇是否適合作為新聞題材。

其他媒體的接觸，在定期雜誌及傳播公司所製作的電視錄影節目錄製方面，也可運用上述做法。不過雙方之間，有關專輯或深度報導之主題、報導方針、日期及通告時間等事宜，要事先妥當協調並互相配合與支援，才能達到互惠的效果。最後，在運用公共報導事宜之前，平時的例行工作與注意事項如下：

1.隨時注意業者本身營業廳館的來客類型、營業狀況及消費市場動態。

2.隨時掌握與業者本身及其相關聯產業有直接或間接關係的相關報導。

3.平常就與各相關媒體保持聯繫，尤其是副刊組餐飲旅遊版企劃、綜藝新聞等版面記者，建立良好的互動關係。

4.瞭解媒體作業情形以及其生態，知道如何去協調與配合媒體報導，以便掌握公共報導的運作。

5.其相關部門一定要有運用在公共報導的預算編列。

二、關係事件活動

　　事件活動係為利用某特定日期、場合、事件或人物，或者創造某一話題性討論之事件或人物，透過計畫性策劃、組織與執行之具有吸引力號召顧客參與或娛樂顧客的活動。餐旅服務業可依本身經營型態及其營業廳館的營業特色，企劃與執行不同活動類型的事件活動，諸如當令佳餚美食、更換新菜單、樂團現場演唱、舞台戲場表演、桌邊魔術表演、娛樂趣味競賽、創紀錄活動、流行服裝秀、藝文講座活動、特別節慶活動、主題宴會活動、當地民風活動、異國文化活動、公眾人物事件、知名藝人住宿、政治人物聚會、新科技發表、慈善表演節目、新聞話題活動等，足以引起新鮮好奇、廣泛討論或蔚為時尚的事件活動。

(一)活動成功之要件

　　舉辦事件活動成功與否，端視三要件如下：

1. 活動主題是否引起共鳴回響：活動主題具有新聞性話題或號召力者，能獲得傳播媒體加入的報導機會，以及引起群眾普遍的討論與回響。
2. 活動內容是否吸引特定對象：活動內容足以吸引欲訴求對象的注意與興趣，並且進一步地起而行動及參與，使主辦單位達成活動訴求目的。
3. 活動期間是否招攬大匹人潮：活動期間人潮參與的多寡，成敗當場應證。不論人潮當中有否湊熱鬧的群眾，只要不淪於「叫好不叫座」的場面，就算成功！

(二)活動執行之作業程序

事件活動執行作業程序如下：

1. 活動企劃案之草擬及應注意事項，如活動目標、傳達主題與主要訴求、整體預算需求之草擬，及人員組織和器材清單等。
2. 確認與會人士。
3. 執行製作內容之確定，如預算細節之擬定、擬定執行工作進度表，及活動／節目進行時間之擬定。
4. 申請預算批准。
5. 活動執行計畫之確定事項，如活動／節目企劃與製作腳本、媒體選擇、創造視／聽覺模式與風格，及活動／節目備份之處理方案。
6. 企業主與有關單位報備項目：如新聞局廣電處等有關單位核備，及戶外舞台／看板由當地警察單位報備。
7. 彩排與測試項目為彩排預演、預備活動／節目備檔，以防現場「開天窗」或發生其他狀況時「補檔」。
8. 執行與檢討。

如韓劇成功打入亞洲市場的韓國，在「影片觀光」的宣傳用力更深，「情定大飯店」的華克山莊、「冬季戀歌」的龍平度假村、「大長今」的韓國文化村與水原華城，幾乎都成為韓國團的主要行程及住宿酒店；紐西蘭知名導演彼得傑克森成功打造「魔戒三部曲」影片後，紐西蘭成為全球最受歡迎的觀光國家，台灣出發的紐西蘭團，魔戒拍攝地成為宣傳焦點。台灣宜蘭縣政府亦積極發展與推廣觀光，如宜蘭的好山好水等美景成為電視偶像劇及歌曲MV廣告拍攝地之場景。此事件活動係為利用某特定場合或人物創造消

費者的好奇心，進而想至當地去探索與體驗觀光等。又如福華大飯店藉由達賴喇嘛來台弘法，下榻台北及高雄兩家福華飯店，趁機造勢得到好評及形象更佳的效果；另外，台北晶華酒店及遠東國際大飯店也因常常承接國際知名藝人的款待服務，並運用明星新聞性話題，所製造的媒體曝光率而達到事件的目標效益。上述皆為餐旅業公共關係事件行銷的例子。

不提供預約、過號得重新排隊等不佳行銷

　　Dabby在忙了一整天，很認真的工作後，心想懂得愛自己的女人才是聰明的，讓自己開心點，不要只是盲於工作，於是拿起打電話至一家知名餐廳預約晚餐，想要好好的犒賞自己一下。電話響了，但聽到的卻是「本店不提供顧客預約」，我瞬間感覺三隻烏鴉從頭上飛過～哪ㄟ安奈？。在我的認知中預約是比較有禮貌且有效率的做法，怎麼會有商店不接受預約呢？無奈的我只好掛電話，內心雖然有一點unhappy與upset，不過很阿Q的我，馬上給自己心理建設，這樣也好，晚餐不吃太豐盛的肉，熱量太高，體重會直直上升。所以心情也似乎很快就不upset，腦筋馬上迸出她死黨分享過，有一家輕食店很好吃，她說雖然是輕食但東西粉不錯吃且咖啡也很棒，於是二話不說，毫不考慮地，拿著包包及小白車の key往該輕食店出發，在車上我盤算著，我要在哪裡停車會比較方便且能快速去享受朋友口說很棒的輕食，很幸運地，剛到輕食店100公尺，路邊剛好有車子離開，我馬上路邊停車，又快又準，一次到位ok停好車，來到該輕食店門口，傻眼怎麼那麼多人在排隊，心想要不要跟著排隊，因為我比較沒耐性，但站在餐廳前面，眼睛前後左右往該街道望望，好像也沒有什麼用餐的地方，心想我也好不容易有車位停，於是無奈只好抽號碼跟著排，號碼104號，心想不知還要等多久，在我前面排隊的大概也有十幾位，忍不住內心低咕著「Time is money」，為什麼不採預約，這樣大家就不用浪費時間等候，就在這同時，身體功能起狀況，想要尿尿，只好依著洗手間的指示去廁所。去完廁所回來原本想要繼續排隊，咦？怎麼這麼快我的號碼已

經過了，前面那些人好像也不見了，原來有些顧客等得不耐煩走了，所以我的號碼就往前挪，我告訴服務人員，我的號碼已經到了，那服務員一看號碼告訴我，號碼已經過了，剛才有叫號，但我沒回答，我告訴她，因為我去洗手間，她告訴我，對不起，因為她不知道且我也沒告訴其他人，我暫時離開去廁所，我回答因為我是一個人來用餐，不是我不告訴其他人。結論是她叫我重新抽牌再排隊，這樣才公平。Wow，怎麼會這樣呢？我告訴她不是我故意離開，是因為去廁所，她只是淡淡的回答我，對不起，她也沒辦法，這是公司規定的，過號得重新排隊。我心想這家店應該是有名氣的餐廳但怎麼這麼不友善，對於講究服務的時代，這簡直是不及格呢！內心不滿又生氣，我告訴自己以後不要再來這家什麼名氣王店了！

　　就在此時，肚子也（ぺこぺこ）咕嚕咕嚕叫，一看手錶已經晚上7:20，所以只好回停車地點，將我的小白車開回，在路途中看到便利商店，只好停車去買關東煮，順便帶一杯City Coffee回宿舍吃。回家後，想想這也不錯，我吃到輕食（關東煮），而且也喝到咖啡了。一邊享受晚餐的同時，也打開電腦看新聞，因為今天比較忙都沒看新聞，結果看到《聯合晚報》（2012/12/26）刊登消基會調查台灣二十家人氣餐廳訂、候位規定，整理出幾個不合理現象，包括業者不提供預約、限制最低消費與用餐時間、過號得重新排隊等。這二十家業者中有十二家餐廳業者並未在網路公告相關用餐規定，消基會董事長張智剛表示，根據消保法定型化契約規定，業者未在網站上公告，且現場也沒有告知相關用餐時間限制或最低消費額度，民眾能主張無效。真是酷，這二十家不友善的餐廳，今天晚上我就碰到兩家，我覺得這些餐廳的服務品質真的不是很好，這樣

或許方便業者的管理或經營，但卻對顧客造成某種程度的不便與困擾，因他們並非以顧客為導向，就行銷而言，並非好的行銷。

而交通部觀光局於2012年推動「好客民宿」標章國家認證，在合法民宿業者三千三百六十二家中，鼓勵全台經營民宿的業者報名參加評鑑，並2012年4月底完成評鑑認證，共計三百二十三家民宿取得「好客民宿」標章。該認證主要以「親切、友善、乾淨、衛生、安心」為五大精神。記得去台東「宜興園」呂大哥與莊姐在1995年因為想要為以後的退休生活營造一個可以親近土地的田園生活，利用當地食材與節令自然原料研發許多美味料理。莊姐親手做麵包，受到住客的喜愛，雖然生產能力有限，但是他們依然堅持健康製作，讓住客能夠吃到健康與美味。還記得去年參加台東炸寒單活動，台東綠泉民宿很細心且貼心地幫客人準備耳塞及口罩。雖然可能沒有豪華的設備但卻有讓人感動的地方，即是其親切、友善、讓住宿者感動的貼心服務，我想這也是民宿的最好行銷。目前有些企業因為規模變大，為了要服務更多的客人及方便管理，故其服務品質也變了。當初那份親切友善的初衷也漸漸不見了。個人認為目前國人應該努力維持且提升服務業創造的競爭力，這也是最佳行銷台灣餐旅業的方法。

第十章

餐旅業國際行銷

- 國際行銷的基本概念
- 國際行銷的管理心態
- 進入國際市場的模式與國際行銷策略
- 個案分享

　　隨著世界快速變化，市場經濟擴大、資訊技術快速發展、環境問題深刻化、國家地域間或個人之間貧富差距等都成為餐旅國際行銷者應注意的重要因素。台灣有著得天獨厚的觀光發展機會，因台灣人很親切友善，加上獨特美食且多元的住宿環境，因此享受友善休閒生活品質與品味多元人生，為台灣國際觀光行銷的主要特色與賣點。台灣觀光局以永續、品質、友善、生活、多元為核心理念，推動「旅行台灣就是現在」為主要行銷內涵，以強化台灣觀光品牌國際意象，深化國際旅客感動體驗，建構台灣處處可觀光的旅遊環境。身處在地球村的今日，餐旅行銷者應具長遠眼光察覺未來趨勢，對於餐飲行銷者應具備為「Thinking globalization, Acting localization」的概念與態度。本章主要介紹國際行銷的基本概念、國際行銷的管理心態、進入國際市場的模式與國際行銷策略，以及最後的個案分享。

第一節　國際行銷的基本概念

一、國際行銷的定義

　　根據國內學者何雍慶（1993）指出，行銷（marketing）是企業的機能（business functions）之一，主要活動是提供產品、定價、推廣與配銷，以激發與促進消費者或使用者完成交易，其目的一方面在滿足消費者與使用者的慾望，另一方面在於達成企業經營的目標。所以行銷的特色有：(1)行銷是企業五大機能（生產、行銷、人力資源、研究發展、財務會計）之一；(2)行銷必須經過交易過程，交易時雙方或各方必須擁有有價值的東西；(3)行銷的目的不但在滿

足消費者的慾望，也不能忽略企業的經營目標。

　　然而，隨著國際化、自由化時代的來臨，已有更多的台灣企業邁開步伐，進軍國外；因此，企業也必須從國內行銷進入到國際行銷的階段。所謂的「國際行銷」（international marketing）就是「規劃與執行跨越國界交易的交換行為，以使得買賣雙方都能夠滿意」。此定義中的「交換」（exchange）與「滿意」（satisfaction）是指買賣雙方可能是個體或團體，但交換代表一方有對方需要的商品、貨幣或其他等值物品，雙方相互進行交換，各取所需，並且均能滿意（鄭紹成，2005）。

　　因此，在本質上國際行銷與國內行銷處理的議題類似，包括：產品、定價、通路、推廣，但兩者最大的差異之處在於：國際行銷的目標市場是跨越母國的國外市場，使得行銷組合的規劃必須考慮到地主國市場的特質，而且必須有因地制宜調整的必要。如果以一家經營跨國速食店的業者來說：(1)在產品方面，它可能有國內的產品與國外的產品（例如回教國家的消費者不吃豬肉，而推出非豬肉口味的產品）；(2)在定價方面，其產品的定價可能會有國內價與國外價；(3)在通路方面，除了有本國的上、下供應商與經銷商之外，於國外也會有不同的上、下供應商與經銷商，甚至於牽涉到與當地業者獨資或合資的議題；(4)在推廣方面，除了會有國內的推廣或促銷活動之外，也會有國外的推廣或促銷活動（例如請國外的明星作產品的廣告代言人）。有關國內行銷與國際行銷之比較如**表10-1**所示。

表10-1　國內行銷與國際行銷之比較

		國內行銷	國際行銷
範圍		較窄	較廣
環境與組織結構複雜度		較單純	較複雜
目標市場與顧客群		國內目標市場與顧客群	國內、國外目標市場與顧客群
行銷組合	產品	國內產品	國內、國外產品
	定價	國內定價	國內、國外定價
	通路	國內通路	國內、國外通路
	推廣	國內推廣活動	國內、國外推廣活動

二、產品地區化或產品標準化

　　楊必立等學者（1999）指出，基本上，國際行銷策略之研擬過程與國內行銷類似，兩者皆要充分瞭解營運環境與評估廠商相對於競爭者的資源。然而，兩者有其根本上的差異，即：國際行銷要先決定須依各國各自發展其策略（地區化，localization）或各國皆用相同之策略（標準化，standardization）。

　　企業進行國際行銷時，其產品要放諸四海皆準（標準化策略）或其產品須依當地的狀況進行調整（地區化策略），此為國際產品決策之重要議題。通常某些調整是屬於任意調整，企業可依據其策略或喜好，進行自由調整；但是，某些狀況是屬於強制調整，企業一定要進行產品調整，例如：電子產品為了要因應不同國家的電壓，而必須進行調整。

　　因此，由於各國市場環境有所不同，行銷方案應根據各國情況獨自發展；然而，地區化雖然更能夠適合各國之需要，但是必須評估銷售業績增加之利益是否能夠抵銷因而增加的成本？有關標準化與地區化的利益分析，國內學者鄭紹成（2005）將之比較如**表10-2**所示。

表10-2　產品標準化與產品地區化的利益分析

產品標準化決策	產品地區化決策
降低原物料購進成本	順應不同地區特性
規模經濟	調整後表現與滿意度增加
加速市場進入	增加當地競爭力
迎合顧客在世界方便購買	促進產品的銷售
塑造全球品牌的形象	

資料來源：鄭紹成（2005）。

三、國際行銷的發展程度

企業銷售商品之行銷發展，可依照經營地區與策略重心之差異，分為五種發展階段：國內行銷、出口行銷、國際行銷、多國行銷與全球行銷（中華民國外銷企業協進會，2011）。

(一)國內行銷

國內行銷是指企業只針對一國或一地區進行行銷，企業所需考量的是當地市場消費者偏好以及如何應付產業競爭者的加入。

(二)出口行銷

出口行銷是指企業將產品外銷至另一個國家或地區，此為最典型或初步的國際行銷。企業仍以「國內行銷」為主，而國外市場所占銷售比率並不是很大。

(三)國際行銷

國際行銷是指企業之出口行銷在若干市場都獲得不錯的利潤或

效益後，企業會投注更深，而且並不只是出口行銷，更會深入當地市場之運作，例如：設立當地的銷售分公司，以擬定當地市場的行銷策略。

(四)多國行銷

多國行銷是執行「多國策略」，在各國海外地區，都視其特殊性，發展各自的行銷策略。與前述國際行銷階段之差異，主要在於經營地區之差異，以及國際行銷仍是以母國市場為主。而多國行銷則是將經營重心轉移至海外各個地區。

(五)全球行銷

全球行銷是企業以全球市場為考量，建立全球統一的產品、服務與整體之行銷策略。在全球行銷階段中，企業一次鎖定多個市場，並整合出最適的行銷策略，意圖同時滿足多個市場之需求。

第二節　國際行銷的管理心態

國際行銷在管理方面可從全球環境之管理分類與瞭解各國顧客習性，才能知己知彼，以減少其差異衝突，茲說明如下：

一、EPRG模式

面對全球各地多元的國家文化，不同的企業回應各地文化差異之心態、傾向並不相同。美國賓州大學教授Chakravarthy與Perlmutter於1985年指出，企業面對全球環境之管理傾向可分成四

種型態：母國中心導向（ethnocentric orientation）、多元中心導向（polycentric orientation）、區域中心導向（regiocentric orientation）與全球中心導向（geocentric orientation），亦稱之為EPRG模式，分別說明如下：

(一)母國中心導向

母國中心導向表示多國籍企業人士面對全球各地不同之地主國文化環境時，展現出一種「母國文化凌駕其他地主國文化」之心態。母公司的基本使命是獲取利潤，管理方式是採用由上而下的集權式管理，採用全球整合策略。產品的開發與生產，完全以母國消費者的需要來考慮，並由母公司派遣母國駐外人員管理當地之營運。

(二)多元中心導向

多元中心導向表示多國籍企業人士非常尊重地主國之文化或是地主國企業慣常之做法，此種多國籍企業沒有一個主導的文化或是管理方式，強調「因地制宜」之型態。多元中心導向的企業其基本使命是融入當地並為各國所接受，管理方式是由下而上的分權管理，產品的開發與生產，是以當地消費者的需要來考慮，並由當地人士負責當地之營運。

(三)區域中心導向

區域中心導向表示多國籍企業尋求一個以「區域」為主之管理方式，也就是在同一區域之內，由於國家文化之特質較為相似，因此多國籍企業採用相同之方式管理區域內之子公司。產品的開發及生產，是採取各區域內標準化，但各區域之間差異化的方式，並由各區域的人員分別管理各區域之營運。

(四)全球中心導向

全球中心導向表示多國籍企業尋求一個以「全球」為主之管理方式，以管理全球各地之子公司。多國籍企業希望能夠整合全球各地主國之文化與管理模式，在充分、頻繁之溝通與協調中，尋求可能之解決方案。開發及生產全球性產品並容許有地方差異，並由全球最優秀的人員（不限當地人或母國人）來管理全球營運。有關上述四種國際行銷管理心態彙整如**表10-3**所示。

二、瞭解顧客習性

在國際化、地球村的世代，餐旅業所面對的不再只有單單的本國人，而是來自各國的各色人種，所以身為餐旅國際行銷者對於世界各國的習性、禁忌以及宗教等都均應有相當程度的瞭解，以避免

表10-3　四種國際行銷的管理心態（EPRG模式）

	母國中心導向	多元中心導向	區域中心導向	全球中心導向
公司基本使命	獲利	被各國所接受	獲利及被各國所接受	獲利及被各國所接受
管理方式	集權	分權	相互協調	相互協調
策略	全球整合	國家回應	區域整合及國家回應	全球整合及國家回應
文化	母國文化	地主國文化	區域文化	全球文化
行銷策略	以母國消費者的需求為主	以當地消費者的需求為核心	各區域內標準化，但各區域之間差異化	全球性產品，但容許有地方差異
人力資源管理	由母公司派遣母國駐外人員管理當地之營運	由當地人士負責當地之營運	由各區域的人員分別管理各區域之營運	由全球最優秀的人員來管理全球營運

資料來源：Rugman & Hodgetts, 1995.

因國情的差異而造成失誤。例如，有些教徒不吃豬肉，而有公司至海外做展覽時，他們發給當地參展者的紀念品為小豬的鑰匙圈，可想而知，該公司的產品並不受到當地居民的歡迎。故瞭解各國顧客的特殊習性及禁忌，才能投其所好，以滿足顧客需求，以達行銷成功。以下將說明世界各國特殊習性、禁忌及瞭解各宗教禁忌，供餐旅行銷業者之參考。

(一)世界各國特殊習性及禁忌

俗話說「入鄉隨俗」、「禮多人不怪」，所以，多瞭解一些異國的特殊習性及禁忌，對你會有所助益的。

◆世界各國特殊習性

以下就以旅館的住客為例，希望有助於你對世界各國顧客習性之瞭解，茲說明如下：

1. 若房客為歐美人士，他們在睡前大都有喝杯睡前酒或是來塊巧克力或糖果的習慣，藉以幫助睡眠。
2. 若房客為美國人士，他們早上起床時有喝咖啡的習慣，他們認為一早若是喝到冷咖啡是不吉祥的。
3. 若房客為中東人士，因為中東地區的人民是信仰回教的虔誠者，而他們在每天特定的時間當中都要向真神阿拉朝拜，所以不可在中午或是傍晚時分去打掃房間或是其他事情去打擾到顧客，以免觸怒顧客。
4. 若房客為日本人士，那麼，在放置迎賓花時，就必須盡可能地放置白色的花，因為一般日本人較喜愛白色的花相伴。

◆世界各國特殊禁忌

世界各國的人們在日常生活中有許多傳統的忌諱，以下實例將

有助於瞭解世界各國之特殊禁忌，茲說明如下：

1.亞洲：

(1)日本：

· 在日常中，嚴忌用4、6、9、42數字或數量的禮品。日本人認為這些數字是不吉利的。

· 嚴忌用梳子作為禮品，因日文梳子的發音與「苦死」相同。而飯店等服務業也嚴忌主動擺出梳子讓顧客使用。

(2)韓國：

· 非常講究禮儀，在長輩面前，不要戴墨鏡，不能抽菸。

· 接受物品要用雙手，不要當面打開禮物。

· 韓國人一般不用紅色的筆寫自己的名字，因為寫死人的名字時是用紅色記載的。

· 在吃飯的時候出聲是很不禮貌的行為。

· 韓國人喜歡單數，不喜歡雙數。例如，飲茶或飲酒時，忌飲雙壺雙杯或雙碗。在待客時，主人總是以1、3、5、7的數字單位來敬酒獻茶，避免以雙數2、4、6數字。奉送禮金要用白色的禮袋，而不是紅色的。

· 韓國人對4字非常反感。例如，當地的許多樓房編號、醫院和軍隊中以及飲茶或飲酒時，忌飲4壺、4杯、4碗等等。

(3)泰國：

· 不要撫摸小孩子的頭，因為泰國人認為頭頂是全身最重要的部分，因此最好不要亂摸。

· 進入寺廟要脫鞋。

· 女性避免碰觸僧侶。

· 遇見僧侶要禮讓，因非常尊敬僧侶，所以不能和他們嬉

笑地說話。

　　‧在公眾場所不要玩撲克牌。

（4）馬來西亞：

　　‧以食指指人是一件不禮貌的行為，最好以拇指代替。

　　‧勿觸摸小孩子的頭。

　　‧用右手取食。

（5）新加坡：

　　‧對隨手亂丟垃圾者，施以重罰。

　　‧禁止男性留長髮。

　　‧嚴禁說恭禧發財。

2.歐洲：忌談金錢、價值及私人問題；忌送菊花，以免讓人聯想到死亡；送紅玫瑰雙數或13朵都代表不祥。

　（1）法國：探病忌送康乃馨，代表有詛咒的意味。

　（2）德國：忌談二次世界大戰。

　（3）義大利：較不注意守時觀念，重視午餐，習性和中南美洲較類似。

3.美洲：

　（1）忌探人隱私問題，談妥的事情，不會隨意更改，尤其在數字方面。

　（2）注意時間觀念，要求快速準確。

　（3）注重早餐及晚餐，在早餐時排滿約會，午餐較簡單大約四十分鐘解決。

　（4）穩重地與對方握手和對望，表示其誠意。

4.南美洲：忌談政治及宗教問題。

　（1）墨西哥：

　　‧紫色代表死亡，所以視紫色為不祥之顏色，應儘量避免之。

．禁止在公共場所喝酒，例如公園或海岸等。

(2)巴西：

．不要隨便打OK的手勢，表示不禮貌。

．比較沒有守時的觀念，相約遲到三十分鐘不應該感到意外。

．較熱情，見面時相互擁抱，女士則親臉頰。

．主餐是在中午，可從下午一點吃到四點；晚餐大都從九點開始。

5.非洲：在非洲不隨便對人拍照。

(1)阿爾及利亞：如果握手握得有氣無力，會被視為不夠禮貌。

(2)衣索比亞：與當地人交談時，不可目不轉睛地瞪著對方，否則會被認為是災禍或死神將至。

(二)瞭解各宗教禁忌

世界上有各種不同的宗教，其宗教所訂定的教條，更是虔誠的教徒所不可違背的。因此，瞭解其宗教禁忌後，便可在進行服務時，避免不必要的誤會發生。

1.佛教：泰國等為小乘佛教，西藏等為密宗，即使相同的源流但教義及戒律也有不同，女性嚴禁觸碰僧侶的身體。

2.基督教：分為天主教及耶穌教等教派，不能混為一談。

3.印度教：不吃牛肉，左手是不乾淨的手。不能用左手接觸他人身體及拿東西給人。

4.回教（伊斯蘭教）：不能飲酒，不吃豬肉，女性不可露出肌膚，左手是不乾淨的手。國內清真寺就是伊斯蘭教的寺廟。禁食含有酒精成分的東西，包括酒類、一些軟性飲料或是含

有酒精成分的糕餅都禁食，至於香水自然是不能使用；動物脂肪也在禁絕之列，市場上的起司、奶油如非植物性，一律不准食用；其他肉食動物如獅子、老虎甚至鳥類，只要是依賴肉食生存者都不可食；豬肉與豬肉製品更是禁忌，絕對不能吃。至於國外進口的東西，若沒有通過伊斯蘭學家的認定全部列爲不可食。對食物的來源和成分只要存有一絲的懷疑與不信任，最好的方法就是不要碰觸。

 # 第三節　進入國際市場的模式與國際行銷策略

一、進入國際市場的模式

當企業決定行銷於某一特定的國家之後，須決定其進入的模式。一般而言，進入國際市場的模式有：出口模式（export mode）、授權模式（license mode）、契約生產模式（contract manufacturing mode）、合資模式（joint venture mode）與獨資型態子公司模式（wholly owned subsidiary mode）（方至民，2010；鄭紹成，2009；楊必立等人，1999），分別說明如下：

(一)出口模式

出口模式爲企業進入外國市場時，以自行出口方式，或是透過本國代理商或是地主國當地代理商，將企業所製造的產品銷售至外國市場的一種進入模式。此種進入模式通常使用在企業國際化初

期，因為企業對國外市場的情況（如消費者偏好、當地競爭情勢或政府法規）並不熟悉。

(二)授權模式

授權是將公司的製造程序、商標或專利等使用權，交付國外企業，以收取權利金的方式為企業賺取利益。當製造商或擁有者本身並無直接介入國外經營之打算，或是本身的管理能力、財務資源有限時，都可以採取授權的方式進行國際行銷。例如：日本的東京迪士尼樂園，是由美國迪士尼公司授權日本使用的結果，日本合作公司擁有四十五年的使用期間，美國迪士尼則收取每年10%的門票收入和5%的商品與食品銷售收入。

(三)契約生產模式

契約生產是僱用國外企業生產，甚至包辦產品設計業務，而在成品上打上公司品牌。此種方式的優點在於母公司可依比較利益原則，找到成本最低、生產品質最優之工廠生產；另外，也可以減少設備之投資；並可以利用地主國之出口配額出口至其他國家，以規避貿易障礙。但是契約生產的缺點則是要確保製造商之品質與交期穩定；而且要有多家代工，才能確保不會因為主要工廠因故停工，而全部產品皆無法出貨之情況。

(四)合資模式

合資是指企業與其他的企業（通常為地主國當地的企業）共同投入資金與各項資源（如人力、設備），一同經營地主國之市場。合資進入模式的優點為：經由與合資夥伴合作，可以降低進入海外市場的風險、分攤進入成本，甚至可以取得夥伴互補的資源。但

是，也因爲合資是透過合作模式以進入外國市場，因此合作夥伴的選擇就成爲經營成敗的關鍵。

一般而言，國際合資的模式有兩種：(1)主導式合資企業：某一合資夥伴具有高於50%以上的股權比例，因而主導整個合資企業；(2)共享式合資企業：合資雙方共享，即50-50的股權。

(五)獨資型態子公司模式

獨資是指企業單獨投入資金與各種資源，並且承擔各種風險，但是也獨享在地主國市場所獲取的利益（如利潤、消費者忠誠度、供應商與通路商關係之建立、與政府的關係）。此外，由於企業對獨資型態的子公司具有完全的掌控力，因此也最能確保企業的核心能力可以移轉到子公司；但是，獨資模式最大的缺點爲投入的資源、成本最高且伴隨的風險最大，當企業要撤出地主國市場時之退出成本也最高。

二、全球行銷策略

一般而言，進入國外市場有三種主要策略（曾柔鶯，2008）：

(一)出口外銷（exporting）

此乃最簡單的方式，對於公司的產品種類、組織結構、投資計畫及經營目標所產生的影響程度最低。

◆間接

公司可透過獨立的國際行銷中間商以間接出口的方式進行。其具有以下優點：

1.投資成本小，此乃因公司無須成立海外的銷售組織及通訊
   網。
2.國際行銷中間商大都會提供相關的技術及服務，公司可避免
   許多錯誤產生，故風險低。

◆直接

公司獨立處理本身的出口業務。其所需之投資成本與風險較高，但其相對報酬亦較為可觀。

原則上，拓銷海外市場有下列幾個步驟可以遵循：

1.多與進口商與代理商聯繫。
2.多參加當地著名之商業展。
3.利用當地適合的宣傳與廣告媒體。
4.利用當地廣告公關公司做公司整體產品之系列推廣。

(二)聯合創作（joint venturing）

此方式是與當地人合作，在國外建立各種生產及行銷設施。其可分為下列八種類型：

1.授權許可（licensing）。
2.契約產生（contract manufacturing）。
3.管理契約（management contracting）。
4.合資創業（joint-ownership ventures）。
5.轉契、分契（subcontracting）。
6.轉鑰作業（turn-key operation）。
7.技術轉移（technology transfer）。
8.策略聯盟（strategic alliance）。

(三)直接投資〔direct investment〕

　　係前往國外直接投資，此方式之利潤與風險皆相當高，其優點計有：(1)生產成本低；(2)提供就業機會給當地民眾，因此可建立較佳的企業形象；(3)熟悉當地環境，故可生產更適合當地消費者之產品；(4)公司擁有全部的控制權，因此能按其國際行銷長期發展目標擬定最適的產銷策略。

　　國際行銷之未來發展重要趨勢如下：

1.各國之社會文化差異日趨減小，逐漸形成地球村之文化。
2.各國之產業加速國際化，許多產業已由地區化演變成全國化，在不久的將來將邁向國際化。
3.企業加速國際化，並加強於海外的直接投資，以突破各國之貿易障礙。
4.以美國為主的許多貿易保護再度興起。
5.亞太地區之日本及其他開發中國家逐年興起，促使亞太地區的地位頗受重視。
6.歐洲地區政經產生革命性變化，其中包括：歐洲單一市場、蘇俄及東歐。
7.國際行銷與國內行銷合而為一。

三、台灣餐旅業國際行銷之做法與策略

(一)在教育方面

　　遠東集團徐元智先生紀念基金會與國立高雄餐旅學院，及香

格里拉遠東國際大飯店舉辦第一屆「TOP TALENT餐廚達人創新賽」，不同於以往的餐飲競賽只著重於餐點本身的色香味，第一屆「TOP TALENT餐廚達人創新賽」更重視餐飲服務的傳達，與學者提倡餐飲國際觀不謀而合，提拔優良的國際餐旅人才，成為全方位的餐飲達人。再者，台灣目前各觀光餐旅休閒學校與科系也多積極推展與國外觀光餐旅學校之合作，以利學術與技術交流，拓展學生國際實習經驗；因應餐旅觀光產業走向，培育具國際化之專業精英；鼓勵教師帶領學生參加國際餐旅比賽，以增加台灣在國際間的曝光率。

(二)在政府觀光局方面

核心主軸為多元開放全球布局，發展策略為定位觀光局為台灣觀光經銷商，集中火力針對各市場需求，靈活運用各種通路與宣傳推廣手法強力行銷，主要推動做法（交通部觀光局網站，2012）：

◆不散彈打鳥──針對各目標市場研擬策略

如在日本以飛輪海為代言人，將觀光景點置入偶像劇、辦理歌友會、追星之旅活動與廣告宣傳等活動，且與日本四大組團社合作來台旅客招攬計畫；在港星馬以蔡依林暨吳念真為代言人，與業者合作規劃四季旅遊產品，辦理推廣記者會及主題活動；在歐美則邀請國際知名媒體如Discovery Channel、CNBC等頻道合作，置入台灣觀光節目，且利用異業結盟與業者國際通路共同宣傳；在新興國家積極爭取包括大陸、印尼、穆斯林、印度與等新興客源市場旅客來台旅遊。大陸市場辦理踩線團、業者說明會、大陸推廣會等，主動邀請大陸組團社包裝台灣旅遊產品，及開放自由行等。

◆多元創新宣傳及開發新通路開拓市場

透過代言人及新傳媒方式引發台流風潮，邀請國際知名媒體、網路行銷台灣，具體做法如文宣、摺頁不斷推陳出新；創新手法，擴大通路，如香港地鐵站廣告，英國倫敦計程車車體廣告，且與National Geographic進行雙品牌行銷及與Discovery頻道合作《瘋台灣》節目等。

◆以大型公關及促銷活動創造話題凝聚焦點

如民國98年辦理八項大型活動：跨年外牆點燈廣告、飛輪海國際歌友會、經穴按摩推廣活動、愛戀101、旅遊達人遊台灣、飛輪海一日導遊、來去台灣吃辦桌活動及自行車環台活動。在不同的月份中辦理不同的活動，如1月跨年外牆點燈廣告；4月保健旅遊：經穴按摩推廣活動；8月美食之旅：來去台灣吃辦桌活動；9月運動旅遊：自行車環台活動，打造台灣成為單車旅遊天堂，讓國際旅客慢遊看見台灣深度之美，運用捷安特國際通路廣度，提升台灣世界形象及知名度。

◆參與國際旅展及推廣活動

積極參與東京等全球重要觀光旅展及四大獎勵旅遊與國際會議展。辦理北美、印度、印尼等觀光推廣活動，及日本各式大型節慶活動，如北海道YOSAKOI SORAN街舞等，搭配宣傳主軸與特色優質產品進行開發與行銷。

(三)在民間方面

除了政府的做法外，民間業者的配套措施與做法也是很重要，大家共同努力齊心齊力才能達到千萬觀光客。最近民間業者配合觀光局推動旅行業交易安全及品質查核、星級旅館評鑑、民宿認證，

提供品質保障的旅遊服務，如星級旅館評鑑、民宿認證及中華民國旅行業品質保障協會，主要是提升旅行同業之形象，加強對旅遊消費者之服務，維護旅遊服務品質，消弭同業間之惡性競爭，共同維護旅行業之商業秩序。希望透過民間各團體協助，以提供更佳的安全服務品質給國際旅客，進而提升台灣的國際形象與地位。

　　此外，台灣觀光發展新契機及新願景爲兩岸三通，地緣優勢，位居東亞中央，故爲東亞觀光交流轉運中心，國際觀光旅遊重要目的地。

個案分享

人物：Mindy、同學Christina及Sabrina

地點：台中田園蔬食陶樂里餐廳

　　Mindy最近跟同學聚餐，因同學多是商學院畢業的學生，聚餐時她們聊至目前如何理財，感觸最深的是談到買股票，她們分享買台積電及鴻海等股票，但我對此並無太大興緻，所以還是努力地吃我美食。突然間聽到Christina分享一家「維格餅家」，因為個人對觀光餐旅業敏感度比較高，耳朵和眼睛馬上自動移向她所分享的內容。她說這家餅店開幕於1992年，即「維格烘焙專門店」位於淡水。但目前已有16家分店，2012年營業額9.89億。同學覺得這家餅店很值得注意，因為該公司的營業行銷方法很獨特且有創意，而目前觀光食品類的股票也很夯，因此她覺得很有潛力。我不由自主地問同學她們的行銷手法為何呢？同學分享，該公司在十年前原本才三位員工，但她們有獨特的台灣的糕餅鳳梨酥，行銷至中國大陸、日本等國家。該公司掌握台灣的觀光趨勢，於1997年起投入觀光旅遊產業之經營，提供高品質糕餅伴手禮。且她們將公司股票分給旅行社，希望旅行社能帶觀光客至該店購買鳳梨酥，她們的行銷手法為利益分享，有錢大家賺。此外，她們還推廣國際行銷，維格餅家常年協助推動台灣旅遊觀光產業之發展，全力配合國內外各地旅展與媒體採訪，且海外旅展時，免費請參展者試吃。成功建立海內外之知名度與口碑，更榮膺星、港、大陸等地旅行社訪台行程中必列之伴手禮訪點，可以說是台灣地區最具代表性之精緻糕餅品牌之一，為成功的對外公關行銷。她們在產品行銷部分，產品亦不斷的創新，研發不同口感的鳳梨酥，如研發製作的駕鴦綠豆糕、鳳黃酥、栗子燒、墨條酥、牛奶太陽餅等產品。除了產品不斷研發創

新，以滿足各種口味的消費者。她們也注意產品的包裝（外觀），除了提供禮盒裝鳳梨酥外，她們也提供觀光客將鳳梨酥送飯店等宅配服務。故廣受全球華人顧客的喜愛與支持。

再者，她們也很環保，如維格餅家五股觀光工廠「鳳梨酥夢工場」頂層裝設太陽能板，自行發電供內部節能燈具使用。「我們邀您一起：攜手、節能、愛地球！」為綠色行銷。該公司也積極高度關懷社會，如維格餅家進用身障者及支持身障就業，其積極實踐的作為，得到社會大眾的高度盛讚！。最後，2012年11月鳳梨酥夢工場榮獲經濟部台灣「優良觀光工廠」。將傳統的糕餅業與觀光產業結合。在2012年10月中國復星集團戰略投資維格餅家，大陸發展合作啟動。Sabrina接著分享：哇！那未來如果大陸觀光客不斷的增加，那肯定其營業額也會提高呢！Christina回答機會很大，因為她說該公司為了提高大陸來自不同地區的觀光客，其產品也有不同口味，如麻辣口味的鳳梨酥，保有原有口味但有多了一些辣味，該產品對於四川、重慶、貴州、湖南之大陸觀光客所喜愛。Sabrina提出目前台灣似乎一窩蜂在賣鳳梨酥，她說會不會跟幾年前台灣風靡蛋塔一樣，一段時間就泡沫化？我個人想或許有可能，但若根據Christina分享，目前該公司的行銷方法真的不賴，這也是為何該公司能崛起且發展得這麼好的主要原因。若能一直不斷產品創新、重視顧客的需求，掌握適度機會媒體行銷與關心社會及環境的公關活動行銷，或許該公司可以永續經營，真的值得投資者注意呢！

第十一章

餐旅業新興行銷議題

- 綠色行銷
- 網路行銷
- 關係行銷
- 個案分享

二十一世紀的今日，由於市場愈來愈趨於成熟與飽和，加上人口成長趨緩及科技進步等因素，故台灣的餐旅業者如何面對這競爭激烈的市場，繼續往前邁進與永續經營呢？台灣擁有美麗的自然風光及豐富的人文觀光資源，除了好山好水之外，還有良好的人文素養，人民友善，具有人情味以及廣受喜愛的美食及夜市文化等。此外，台灣擁有多種族文化，對於異國文化接受度高。綠色行銷的重點在於產品從原料的取得、生產、銷售、消費、廢棄，即所謂「從搖籃到墳墓」的每個環節皆對環境的衝擊減至最小，亦即5R+2E（即拒絕、替代、減量、再使用、循環開發、經濟和生態）。故觀光主管單位及餐旅業主如何善加利用我國的優點，不斷進行創新與把握新興的趨勢行銷成為重要的議題。本章首先介紹綠色行銷，進而瞭解網路行銷及關係行銷，最後則是個案分享。

第一節　綠色行銷

台灣地狹人稠，加上經濟與工業過度之開發，已嚴重影響居住環境與生態平衡。近些年來，能源的再生及環保的議題一直為國際間所重視。同樣地，在餐旅營運方面，業者對於環境議題之關心亦有日漸增加的趨勢。因為不論餐旅業規模大小，均會對環境帶來或多或少的影響；例如在營運時所釋放出的廢水、廢氣及廢棄物等都會對環境造成衝擊。例如星巴克推動「消費者自己帶杯消費少10元」的綠色行銷策略；而麥當勞的餐盤紙上特別強調是由再生紙所印製，絕對沒有傷害雨林……。因此有學者指出，若綠建築之概念能引進旅館飯店，其不僅可減少資源消耗，還可以降低營運成本並提高長期企業之利益。另外，根據美國汽車協會（American Automobile Association, AAA）調查報告指出，旅館飯店對環境友

善或是具有綠色設施等項目，是顧客在選擇旅館時的前十大指標之一，況且旅館飯店是以環境特色為出發點，不僅可達到環境保護、生態永續之效，還可以藉此提升其企業形象和市場上之競爭力；更甚者，可以藉此概念進行綠色行銷，吸引具有認同此經營理念之顧客前往消費。出於綠色飯店大部分都已執行節約能源做法，其目的是希望能降低管理成本來增加收入，故餐旅業若能防止汙染並透過回收再利用的材料，可以使企業節省成本控制和能源的消耗，因此涉及生產和交付貨物的同時，可減少對生態影響和達到資源利用之生態效益。

　　所以為了提升社會環保意識和節能觀念，有些業者紛紛推行「環保旅館」概念。而所謂的「環保旅館」概念，即意指旅館在硬體設備和軟體服務上均投入更多環保的材料與概念，使其對生態環境汙染衝擊減到最小、對環境資源使用量最少、對員工與顧客健康最有益，即是所謂的「環保旅館」。運用事件行銷的溝通模式，以達成企業品牌形象、擴張好名聲與銷售量和品牌資產永續經營深耕的雙贏目標。因此，未來將此綠建築與環境永續之概念導入餐旅業之營運，實有其助益性與必要性。

　　若要談綠色行銷則應從綠色供應鏈管理說起，從1999年以來，綠色供應鏈管理已經在歐美國家出現了不少理論研究與實際案例。綠色供應鏈管理之所以引起全世界廣大回響的主要原因，在於消費者與投資者越來越在乎各大公司是否做好環境保護工作。綠色行銷是指企業在行銷領域內對環境友善的政策、策略及戰術的行銷活動，也就是一種為因應全球性環保的熱潮而產生的一種行銷理念。以下將進一步說明有關綠色行銷之定義、綠色消費行為的原則、綠色行銷與傳統行銷之比較，以及綠色行銷理念與做法。

一、綠色行銷之定義及綠色消費行為的原則

(一)綠色行銷之定義

國外學者Simon（1992）提出十點綠色產品構成要件：(1)使用原料減少；高回收材質；(2)採用無汙染製造、無毒原料；(3)不以動物作測試；(4)對保育動物不會造成衝擊；(5)在生產、使用及處理過程中，消耗較低能源；(6)沒有包裝或減量包裝；(7)可重複使用；(8)使用期限長、高效能；(9)追蹤、收集使用後產品，實施回收制度；(10)有資源再生的可能性。國內學者黃秀美（1992）認為「綠色行銷」乃指將環保的訴求、理念與做法，運用到行銷活動中，其涵蓋的範圍則可深入至企業文化或經營使命的一環，或者淺出到僅作為一項行銷手段。更進一步而言，產品本身及廢棄物的處理上，必須合乎減量（reduce），回收（recycle），再利用（reuse）等3R，及低能源消耗（economic）、不破壞生態（ecological）、尊重人權（equitable）的3E要旨。

(二)綠色消費行為的原則

綠色消費行為有六大原則，分別為3R與3E，即：(1)減量消費原則（reduce）：避免不必要的消費，以減少資源的耗費；(2)重複使用原則（reuse）：儘量購買能夠多次使用的產品，拒絕購買用過即丟的東西；(3)回收再生原則（recycle）：選擇那些使用再生的質材製造的產品，亦即使用過後還可透過回收的過程，重新轉換為原料，製造新的產品；(4)講求經濟原則（economic）：無論是使用商品或享用服務，都要選擇那些耗用材料少、節省能源、加工程序單

純、不做誇大包裝又便於用後處理的，以避免造成浪費；(5)符合
生態原則（ecological）：在購買商品的時候，要選擇那些能致力於
保護環境的廠商生產的產品；例如使用清潔的原料，或無汙染的製
程，不會產生公害，對大自然生態系少有傷害的產品；(6)實踐平
等原則（equitable）：在從事消費活動的時候，處處要考慮到對人
性的尊重，不可以剝削勞工，不可以歧視少數族群，要對婦女、兒
童、老年、殘障、低教育程度、低所得者給予平等的尊重。

　　此外，我國環保署（1993）將綠色行銷分成七個等級，作為一
般大眾判別、監督綠色行銷真實程度：(1)一級綠色行銷：從產品
原料、製造、設計、包裝到消費使用、售後服務皆符合環保精神；
(2)二級綠色行銷：設計、包裝到消費使用、售後服務皆符合環保精
神；(3)三級綠色行銷：消費使用、售後服務符合環保精神；(4)四級
綠色行銷：只有售後服務符合環保精神；(5)綠色形象廣告：將環保
理念訴求應用於企業形象廣告中，並有某一程度的環保教育功能；
(6)綠色公益廣告：將環保理念、訴求及做法，以公益廣告形式出
現；(7)綠色表象廣告：以搭環保列車的方式藉以發揮或提升形象。

二、綠色行銷與傳統行銷之比較

　　綠色行銷與一般傳統行銷是不相同的，因為它是一種兼顧消費
者與環境的行銷方式，在綠色行銷理念的應用下，從企業的作為、
產品，以至於宣傳之內容等，皆與傳統行銷有所不同，詳見**表11-1**。

(一)消費者如何被看待

　　成功的綠色行銷人員，不再視消費者為貪求無厭的唯物主義
者，而是有人性的個體，會關心周圍的環境，並思考商品對他們的

生活以短期或長期的角度而言，會有什麼正面或負面的影響。

(二)產品

產品的設計不再是「從生到死」的設計模式，因為這種模式忽略產品丟棄後對環境所造成的長期影響，同時也忽略了它所代表的天然資源的價值。相反地，綠色行銷在產品設計上充分考量未來產品回收、再生的可能性。此外，更具彈性、符合當地環保考量的產品出現，甚至具備「非物質化的服務」，而非以往「一種規模適合所有對象」的特定。

(三)宣傳

產品銷售時的宣傳模式，多半帶有教育性的訊息存在，更提高行銷行為的附加價值，而非以往鼓勵大量消費、以銷售利益為導向的促銷方式。

(四)企業

在綠色行銷中表現優異的企業對環境有深切的關懷，他們往往不滿足於環保政策低標準的要求，而是為自身及競爭對手制定一套新的衡量標準。這些公司與其他倡導環保的企業相互合作結盟，此外還與供應商及零售商合作，在相同的價值體系下，共同推動環保事務。在企業內部，跨部會小組定期集會討論，共同尋求對付環境挑戰的最佳解決方案。這些企業著眼於長期的未來，以兩大目標為主，一是取得利潤，一是貢獻社會。

三、綠色行銷理念與做法

　　雖然有學者主張自產品的設計、原料取得、製造、包裝、銷售過程、使用過程直到廢棄，皆符合環保理念，並儘量減少對環境造成任何傷害或汙染，才可稱爲「綠色行銷」，但是這樣的「綠色行銷」仍是一種理想。一般而言，環保理念與做法，實際運用在行銷活動中之範圍與程度差異頗大。綠色行銷可能深入企業經營理念中，成爲企業的環境責任，影響整個產品生命週期中對環境所造成的影響，但是也有可能僅是淪爲廠商銷售商品的噱頭。

　　由上可知餐旅業若是忽視綠色行銷的組織，不僅與消費潮流相悖，更可能遭到綠色消費者的抵制，進而將阻礙其發展，甚至會被國際制裁，如不符合國際環保公約的規範，相信綠色行銷在未來的地位更將逐步增加。而餐旅業者在實施綠色管理時，也必須透過綠色行銷，才能讓消費者瞭解到該飯店有推行這樣的制度，除了減少對環境的汙染，也可以提升該企業的形象。

表11-1　綠色行銷與傳統行銷之比較

	綠色行銷	傳統行銷
消費者如何被看待	有人性的個體	貪得無厭的唯物主義者
產品	從生到生 更具有彈性的服務	從生到死 統一規格的產品
宣傳	帶有教育性的價值觀	銷售為導向、著重最終利益
企業	積極主動的 合作的 整體觀的 長期導向的 兩大目標（利潤、貢獻）	被動的 競爭的 區隔部門的 短期導向的 利益最大化

資料來源：Jacquelyn A. Ottman (1998)；整理自綠色行銷。

第二節　網路行銷

本節將針對網路行銷（cyberspace marketing）定義、傳統行銷與網路行銷差異，以及網路行銷的未來做進一步說明。

一、網路行銷定義

余朝權等（1998）認為利用電腦網路進行商品議價、推廣、配銷及服務等活動，期以比競爭者更能瞭解及滿足顧客的需求，達成組織之目標。網路行銷又稱為線上購物（on-line shopping），係指藉由電腦網路來傳送廣告訊息，在網頁刊登定期或不定期之促銷活動或廣告以吸引消費者，乃至於完成交易、付款等事宜。網路行銷可以提供消費者與廠商下列好處。對消費者來說，網路行銷提供：(1)沒有時間、地點限制的便利消費方式；(2)資訊充足；(3)不受銷售人員影響等許多好處。同時，它也提供廠商許多的利益，包括：較低的成本、關係的建立、快速的調整以及沒有規模大小的限制等。

目前餐旅業對網路行銷的應用說明如下：

旅館業常利用網路行銷的利器為：(1)即時（特惠）訊息發布系統；(2)投票調查與問卷調查功能；(3)旅館業聯賣電子商務系統；(4)客戶累積積點功能（B2B/B2C）；(5)線上折價券系統；(6)拉霸線上遊戲活動系統等。

旅遊業方面，線上旅遊網站如IAC Travel躍升為全球第五大旅行社，2003年的營收已突破百億美元；亞洲及台灣的線上旅遊事業發展快速，近幾年台灣線上旅遊市場每年成長40%以上，年交易額高達新台幣數百億元，且線上旅遊產業占台灣線上購物市場的70%，

如易遊網為領導品牌，2006年營收約51億，且在旅遊電子商務也非常普遍。此外，小本經營的藝術家、民宿、餐廳等亦透過網路雙向溝通與互動，加速交易。如消費者可自行選擇所需訊息，還能回饋意見給業者；業者也可以快速、全面的向消費者發布訊息或行銷資料（如折價券、優惠資訊），回應消費者的意見等。由上得知，餐旅業不管其規模大小，對於網路行銷的使用越來越普遍，故餐旅行銷業者對此趨勢應有所認識與重視。

二、傳統行銷與網路行銷差異

相信行銷者對於傳統行銷組合（4P）並不陌生，但關於網路行銷組合將進一步說明如下：

(一)網路行銷的產品

網路行銷的產品包含：

1.產品數位化：例如各類訂票、購物、拍賣等程序。
2.服務流程標準化：例如歌曲、電影、文章、機票、各類資訊。
3.產品與服務人性化：例如網頁適時出現問候語、給予瀏覽指引與提醒等。
4.網站環境具親和力：網站親和力由網站訊息、顏色、背景形式、字體形狀或大小、音樂等構成。親和的網站能促進與顧客的溝通，並有利於公司形象及顧客滿意度。

產品有以上特性較適合在網路上銷售。也就是，線上的交易成本較低，以及取代傳統交易模式的可能性較高。

(二)網路行銷的價格

一般而言，比起實體商店，網路上的產品價格較低。但不少網路還是以降低消費者的交易成本與提升顧客價值而成功的。例如，Farechase.com利用搜尋技術將行程與航班依據價位高低顯示在網頁上，方便讓消費者比價。

(三)網路行銷的推廣（網路廣告）

關鍵字廣告（keyword ad）是付費給搜尋引擎的一種廣告形式；當消費者在搜尋引擎上以某個關鍵字檢索時，網頁某個角落會出現與該關鍵字相關的廣告。常用的網路行銷的推廣（網路廣告）如下：

1. 插播廣告（interstitial ad）、彈跳視窗（pop up windows）：點選某個網路連結時，彈跳出另一視窗，強迫消費者接受訊息。
2. 動態廣告（flash ad）：結合文字、動畫與音效製作而成；隨畫面捲動或滑鼠移動而出現，或是占據網頁以引起注意。但這兩種廣告常干擾網友而引起反感。
3. 贊助廣告（sponsored ad）：企業藉由贊助產品或服務給網站，獲取廣告版面或活動掛名，以吸引消費者的注意。

除了網路廣告之外，尚有電子折價券、網路互動遊戲、電子郵件行銷、病毒式行銷及部落格行銷等推廣方式。

(四)網路行銷的通路

網路本身就是一種通路，最常扮演：

1.資訊提供者：幾乎所有網站都有此功能。

2.撮合交易者：如拍賣網。

3.電子市集：把各種資訊或產品提供消費者查詢，如ezTravel等旅遊網站。

傳統行銷與網路行銷差異如**表11-2**所示。

表11-2　傳統行銷與網路行銷差異

	傳統行銷	網路行銷
產品	實體產品	1.增加soft goods，如：資料性、服務性、媒體性、非實體性產品銷售機會 2.思考數位產品特性是否適合在網路上販售
價格	靜態定價	1.無關稅、降低中間商成本、降低行銷成本 2.動態定價，包括「撮合」、「向上議價」、「向下議價」等不同銷售方式
促銷	單向媒體	1.互動媒體的大量採用 2.由下而上的促銷方式，如口碑行銷等
通路	實體市場	全球虛擬父易巿集
市場區隔	區隔變數可分為消費性區隔變數和工業性區隔變數	1.傳統區隔變數仍然適用，網路行銷區隔變數多以使用頻率、對資訊依賴程度等變數加以區隔 2.一對一區隔
目標市場	給予目標市場傳統4P行銷組合	1.對利基市場強化其互動性 2.有助於一對一行銷理念
市場定位	一般企業在消費者心中的定位差異不大	來自全球的消費者，可能因國家文化、國家發展程度等的變數而影響了對企業的定位，許多網路商店因進入障礙極低而大量林立，未能有效建立起在消費者心中的定位，而降低企業的議價能力

三、網路行銷的未來

(一)病毒式行銷

　　病毒式行銷（viral marketing）是由歐萊禮媒體公司（O'Reilly Media）總裁兼CEO提姆‧奧萊理（Tim O'Reilly）提出。他是美國IT業界公認的傳奇式人物，是開放源碼概念的締造者。他採用病毒行銷的方式，也就是說，一些推介會直接從一位用戶傳播到另外一位用戶，一位用戶對另一人傳遞的訊息，很可能是直接、個人、可信，且有意義的。這類傳播——用戶間彼此之間的接觸，過去稱為「口碑行銷」（word-of-mouth communication），現在則稱為「耳語」（buzz）（維基百科，自由的百科全書）。因此普遍運用在現在的網路行銷，最好的例子就是電子郵件行銷（email marketing）。電子郵件行銷除了成本低廉的優點之外，更大的好處其實是能夠發揮「病毒式行銷」的威力，利用網友「好康道相報」的心理，輕輕鬆鬆按個轉寄鍵就化身為廣告主的行銷助理，一傳十、十傳百，甚至能夠接觸到原本公司企業行銷範圍之外的潛在消費者，不少嚐過病毒式行銷甜頭的公司也因而津津樂道。如消費者至餐廳用餐對於其餐廳的服務、設備及餐點等將會於網站分享，因此，如果該餐廳評價高，則其他消費者也會很快得知，但如果評價低，亦可能很快就得到負面評價。

(二)電子郵件行銷

　　是一種利用電子郵件為其傳遞商業或者募款訊息至其聽眾的直銷形式。就廣義來說，每封電子郵件傳送到潛在或現行客戶都可視

為電子郵件行銷。電子郵件行銷相較於投資其他媒體，如直接郵寄或列印商務通訊，電子郵件行銷比較便宜；相對於傳統郵件廣告，電子郵件抵達收件人僅須幾秒鐘或幾分鐘，不但成本低廉，其所能達到的效果更是不容忽視。尤其在加入許可式行銷（permission marketing）的概念一併實施時，更能在避免造成接收郵件者反感的情況下，達到最好的效果。

(三)無線網際網路行銷

無線網際網路行銷（wireless internet marketing）就是利用無線通訊設備進行的行銷方式，將不容企業忽視，尤其是這些設備均皆具備高度的個人化特性，相當適合個人化行銷，或一對一行銷手法。如3G所帶來的革命式突破，乃是除了傳送聲音外，也可以傳送資料。無線通訊的應用因為能夠滿足民眾的各式各樣需求，勢必會大量普及，不僅行動電話的用戶數超越固網用戶數，無線行動網際網路也會超越有線的固定網際網路。如手機、PDA、Notebook、Handbook、iPad等隨身無線科技。

(四)寬頻

即便網際網路行銷的手法花樣百出，仍有許多應用受限於頻寬而無法實現；因此，寬頻（broadband）時代的到來，將讓網際網路行銷的花樣更多變、豐富，且寬頻網路急速發展。要利用區域網路提供電腦與電腦之間無障礙的合作功能，分享單一合法的IP位址以達到更有效率的資源共享，讓家裡也是一個共通的網路環境，不再擔心IP位址不足或線路成本過高的問題，使所有電腦充分利用寬頻網路的功能，共同邀遊於網際網路的世界。如全日二十四小時無間斷的「商業寬頻」提供服務，讓您與客戶、夥伴及供應商保持緊密

聯繫。高速的頻寬有助節省電腦於運作過程中的等候時間，同時亦提供多部電腦一同上網，提高工作效率及生產力。

第三節　關係行銷

Heskett、Sasser和Hart（1990）指出，開發新顧客的成本高達維繫舊顧客成本的五倍。Reichheld和Sasser（1990）亦指出，企業若能降低顧客流失率達5%，依其產業特性，將可提高25%～85%不等的利潤，由此可知維繫舊顧客關係的重要性。此外，Kotler（1992）則認為行銷應該是維持及吸引顧客的一種藝術，傳統的行銷活動多著重於如何「獲取」顧客，卻忽視了如何去「維持」顧客，由於今日顧客的忠誠度很容易發生動搖，且失去顧客的代價遠大於獲得顧客的代價，故其認為關係行銷是必要的。故餐旅業者如何在競爭激烈的環境中取得優勢，與顧客建立良好的長期關係，進而增進顧客滿意度與顧客忠誠度，亦為餐旅業者的永續生存之道。茲將介紹關係行銷的意義、關係行銷的層次與好處。

一、關係行銷的意義

行銷靠關係，簡單的說，關係就是人與人之間互動往來而建立的交情。關係行銷則是從顧客導向出發，希望針對顧客，儘量去滿足需求，使之滿意度達到最高點，進而獲得最大的利潤。關係行銷，是指企業為了追求長久的利益，與顧客發展出持續且長期的關係。企業承認現有顧客的價值，並吸引、維持及強化與顧客間的關係，用以創造更多的企業利潤。換句話說，即是企業與重要的團體如顧客、供應商、配銷商等建立長期滿意的關係，以維持雙方固定

的合作與業務往來，同時產生雙贏的局面。生意不是只做一次，商品與服務品質優良，讓顧客滿意，維持與顧客的關係，持續關心他們。

關係行銷在華人文化中已經行之久遠，亦即「人情」也稱為「世情」，是人與人之間相互聯繫的一種生存關係。某種意義上，人情是人與生俱來的，與社會這一母體之間相連似割不斷之臍帶。如辦事或解決問題先想到找熟人，有人好辦事，關係不同人情不同，在我們生活中隨處都得靠人情，所謂「人情」為何呢？學者們對人情的意涵頗為多元及複雜，在華人社會中，人與人或企業間往來，常是運用人情來加強關係品質。「圈子」是中國人生活的文化，對商人來說尤其重要，它既是人情作用的產物，也是一個人情聚集的平台。「圈子」所承載的另一個重要功能便是，尋找和發現可以利用的人脈資源，並透過活動與之建立起良好的關係平台。

鑑於中國自古就形成的社會關係網路的現狀，人與人、企業與企業之間存在著千絲萬縷關係聯繫，合理利用這些現實存在的關係進行行銷，則能讓企業的行銷事半功倍。故餐旅業行銷者應努力的加強關係行銷，其具體作法建議如下（網路創業家，2011）：

1. 尋找關係網：在目前餐旅業產品同質化和管道透明化的行業背景下，單純依靠產品的合作已經很難快速實現行銷了。產品之外，還要學會造勢、借勢，餐旅業要定點開發的特定管道、區域或市場，積極尋找可以與合作方直接對接的關係網。

2. 善用關係力：在透過努力尋找到可以有效對接的關係網之後，餐旅業還要積極做好自己尋找的關係方，如透過相關公關或利益轉移，不斷加強相關人員對企業的認可，因為這些利益關鍵人物的力量，可順利幫助企業度過難關，或使企業合作更長久穩定。

3. 打造關係圈：在合作開始後，企業還需要瞭解與行銷相關的各

個環節的相關人員的情況，以及與行銷息息相關的負責人、主管單位的相關情況進行整理，並透過各種有效情況與這些人進行對接，逐步營造企業在當地的關係圈，保證行銷。

4.維護關係情：對於企業來講，關係建立起來容易，維護起來卻有相當難度。企業在某一管道、某一區域建立起自己的關係網絡後，企業總部、當地的業務人員要聯合起來將這些建立起來的關係網絡維護好。

例如開創餐飲王國，戴勝益創業可說是關係行銷的經典代表人物，他曾經創業失敗九次，卻又能屢敗屢戰，二十年來的成功之路，可以說就是由強而有力的人際網絡所鋪設出來的。在1993年，戴勝益離開家族企業自行創業。當時手頭沒錢的他，竟然能夠在毫無抵押品的情況下，找到六十六個人借錢，籌到了1.6億元。甚至，他當兵時的一位同袍還將房子抵押借錢給他。他曾說：「當你有幫助人的習慣時，別人就會自動來找你。」一年三百六十五天，十一年來他已累積了四千多個幫忙，亦即「人情」，是人與人之間相互聯繫的一種生存關係，此關係亦為關係行銷主要構成因素，餐旅業行銷者必須懂得如何運用此關係。

二、關係行銷的層次與好處

(一)關係行銷的層次

Kolter（1996）以創造和維繫顧客忠誠度，區分關係行銷層次如下：

1.基本型（basic level）：銷售人員推銷產品給顧客，主要以價

格爲誘因，交易完成即終止彼此的關係。

2.反應型（reactive）：銷售人員推銷產品給顧客，並鼓勵顧客有問題時可隨時找他，仍以價格爲誘因，此關係是被動的。

3.責任型（accountable）：銷售人員在銷售產品不久後，即主動打電話給顧客，詢問產品是否符合顧客的期望，在這一層次除了尋求財務利益，並建立社會性的結合。銷售人員請顧客提供改善產品建議，作爲持續改善的參考。

4.主動型（active）：公司銷售人員與顧客持續保持聯絡，並推薦新產品，使消費者知覺到公司對其充滿興趣。

5.夥伴型（partnership）：爲關係行銷最高層次，彼此互惠的方式建立長期合作關係。也就是除了財務性和社會性的結合外，還加上「結構性的結合、被套牢」，來強化與客戶長期的關係。

(二)關係行銷的好處

Stone和Neil（1996）認爲開發新顧客所需的成本比維持現有顧客成本還高，關係行銷的好處有三：

1.降低行銷成本，獲取顧客終身價值。

2.使公司穩定成長，公司擁有固定忠誠度的客戶，透過客戶資料分析，交叉銷售比對的方式，知道客戶對產品的需求，使銷售能在既有的基礎上，穩定向上提升。

3.塑造企業競爭優勢，藉由個別利基成員的關係行銷，企業可以建立足夠力量來防衛任何想進入相同利基之競爭者。

例如王品集團成功的策略是「巧妙運用客戶關係管理」：主要做市場區隔、清楚客戶群以及確定價格目標。透過客人用餐塡寫的

問卷調查，瞭解客人對服務滿意度、菜色口味等項目的看法，再經過交叉分析以作為提升服務品質的參考，得出各種經營與績效的數字。目前每個月王品集團約有二十萬人次的消費量，累積的客戶名單已超過一百五十萬位。此外，王品以「專案式的團隊研發」，主要以「菜色研發」是餐飲業的秘密武器，王品在這方面著力甚深。除了顧客反應與季節交替的因素必須替換食材外，王品採專案方式並借調全省的主廚進行研發，必要時也潛入國外市場觀摩學習，使其菜色得以不斷推陳出新，滿足顧客求新求變的需求，其目的為強化與客戶長期的關係。

貓大爺──「一蘭拉麵」連鎖麵店

　　由於對吃特別有興趣，故朋友前一陣去日本玩回來後，她說下次有機會一定要帶我去日本的那家麵店吃拉麵，理由很簡單，因為那家麵店拉麵真的很特別，好東西要跟好朋友分享，但最主要原因是我懂日文，我要負責點餐，因為她們看不懂日文菜單，所以直接把行程裡事先做好的菜單給店員看，算她們聰明。其實日文有很多漢字，即便不懂日文，有時猜一下，可略懂一二。下次如果有機會我也很想去那家拉麵試一試，因為我朋友說那家麵真的很好吃，且沾麵醬相當用心，不是只有浮在上面的蔥花而已，裡頭還有滿滿煮醬的食材，起司醬給它強下去就是了！起司香濃夠味，搭配QQ的麵條，冰冰涼涼的，好奇妙的感覺。聽了真是垂涎三尺。

　　不過除了拉麵好吃外，最主要的是這家連鎖麵店的經營行銷方法很特別，讓我更有興趣聽朋友的分享，她說這家麵店的座位是一個人一格的獨立空間，這樣客人就比較困難彼此講話，顧客可以專心吃麵，不會互相干擾，我個人覺得老闆背後的陰謀是這樣可以增加位子的turn over rate（翻轉率），因為吃完就走人，空出位子就可以馬上再賣客人，真是聰明。美其名是提供一個安靜的空間，尤其目前單身的用餐者愈來愈多，這不失為很好的行銷說詞。而且他的拉麵品項很單純，以賣豚骨拉麵為主，減少產品項目，就可以集中食物成本，進而達規模經濟與綜效之效果，因為麵店的定位清楚，故顧客至該麵店主要聚焦豚骨拉麵，如此達80/20法則（The 80/20 Rule），一個典型的模式表明，80%的產出源自20%的投入；80%的結論源自20%的起因；80%的收穫源自20%的努力。而該麵店也利

用這原則；投入20%的主要顧客群，以達80%之成效。此外，這家麵店是採用食券販賣機來點餐，客人用按鍵選擇自己喜歡的麵，投入money後，機器就給餐券，餐券基本是拉麵，如果要加量為「叉燒」，還有一個「半熟的玉子」（半熟的蛋）的餐券。她說一進入店中，一排排的座位都用布幔隔開，看不到其他排客人。店員引她入座，真是一個蘿蔔一個坑，每一個位子都有開水機，要喝水自己加，不必找服務員。客人坐定位後，從布簾後給一張詢問表，主要是客人要吃東西的口味濃淡、油量的多寡、需不需要蒜頭與蔥、要不要叉燒豬肉片、調味料的辣度及麵的軟硬度等。填好單子將其放於座位的紅色感應區，服務員就會收走，按照客人的指定為其煮麵。聽完朋友的分享後，我個人覺得或許是國家文化不同所以有些飲食文化亦有差異，如日本人很習慣用餐券機，一個人用餐也很習慣，或許我們台灣的飲食文化不同，但我個人覺得如何將科技的數位行銷之設計應用於餐飲業行銷，如何設計餐飲流程與動線，可以讓顧客得到安靜與隱密的用餐空間且可以減少對服務生的依賴，也可以降低人事成本，並獲得利潤極大化，是我覺得如何將飲食文化或飲食數位設計流程放進餐旅行銷是值得去學習與思考的議題。

參考文獻

一、中文部分

Atwood（2012/12/25），EZTABLE易訂網　創業故事　餐廳經營，「星巴克用iPhone賣出更多咖啡」。

EMBA雜誌編輯部（2004）。http://www.emba.com.tw/ShowArticleCon.asp？artid=1288。

EMBA雜誌編輯部（2009）。http://www.emba.com.tw/ShowArticleCon.asp？artid=7275。

EMBA雜誌編輯部（2010）。http://www.emba.com.tw/ShowArticleCon.asp？artid=7777。

EZTABLE易訂網，2013，http://www.eztable.com/

ezTravel易遊網，2013，http://www.eztravel.com.tw/

MBA智庫百科（2013）。〈外部公共關係〉，http://wiki.mbalib.com/zh-tw/

工商時報編輯部（2012）。〈Heartware更勝Hardware〉，《2012台灣服務業大評鑑特刊》，頁72-73，商訊文化。

中華民國外銷企業協進會（2011）。《國際行銷1000題庫》。台北：前程文化。

方世榮（2002）。〈國際行銷通路關係管理的探討〉，《台大管理論叢》，第13卷，第2期，頁33-40。

方至民（2010）。《國際企業概論》。台北：前程文化。

王一芝（2011/10）。〈天使與魔鬼：540個現場裡的精采個案〉，《遠見雜誌》，第304期。

王品集團（2013）。美味地圖，http://www.wowprime.com/map.html。

王昭正（1999）。《餐旅服務業與觀光行銷》（初版）。台北：弘智文化。

台灣資訊工業策進會FIND網站（2010）。上網人口、家庭上網調查、企業

上網調查，2012年8月25日取自http://www.find.org.tw/find/home.aspx？page=many&p=1。

交通部觀光局網站（2012）。行政資訊系統，施政計畫與業務統計，http://admin.taiwan.net.tw/public/public.aspx。

兆鴻（2010）。《百萬年薪七步走》（*Welcome to 1-E marketing*），http://tw.myblog.yahoo.com/rich7steps/article。

旭海國際科技（2013）。線上訂房系統，2013年2月17日取自http://www.surehigh.com.tw/inner2-1.php。

江存仁、張瑞玲（2006）。〈體驗行銷之策略管理研究：以誠品書店為焦點〉，《績效與策略研究》，第3卷，第2期，頁175-193。

行政院主計處（2006）。住宿及餐飲業普查結果分析，2010年12月16日，檢自：http://www.dgbas.gov.tw/ct.asp？xItem=23491&ctNode=3267。

何雍慶（1993）。《實用行銷管理》。台北：華泰書局。

余朝權、林聰武、王政忠（1998）。〈網路行銷之類別與時機〉，《大葉學報》，第7卷，第1期，頁1-11。

吳松齡（2009）。《休閒行銷學》。台北：揚智文化。

吳勉勤（2006）。《旅館管理與論與實務》。台北：華立圖書。

吳政芳（2010）。《屏東市國中文理短期補習班市場定位及行銷組合策略之研究》，國立屏東科技大學技術及職業教育研究所，碩士論文。

吳秋瓊採訪，唐聖瀚、蔡長青策劃（2009）。《餐廳好設計 品牌好賺錢》。台中：晨星。

吳萬益（2006）。〈行銷活動的內涵〉，《科學發展》，第399期，頁31-41。

李力、章蓓蓓（2003）。《服務業行銷管理》。台北：揚智文化。

李士福（2013）。〈行銷4P與4C理論〉，創業資訊網，http://info.080000061.com/qygl/555.shtml。

李京珍（2004）。《國民小學學生數位落差現況之研究——以臺北市國民小學為例》，臺北市立師範學院國民教育所碩士論文。

李翠玉（2006）。〈獨在異鄉為「異／客」：卡斯楚華人移民二部曲之跨文化接待〉。《中外文學》，34(8)，頁65-85。

李潔（2001）。《旅遊公共關係》，雲南大學出版社。

沈沛樵（2006）。《無形資產、組織承諾、跨部門整合與新產品開發績效
　　關係之研究——以台灣旅遊業為例》，靜宜大學企業管理所未出版碩
　　士論文。

亞瑪迪斯（2013），http://www.amadeus.com/tw/x26485.xml。

周明智（2002）。《餐旅產業管理》，台北：華泰文化。

林建煌（2006）。《行銷學》。台北：華泰總經銷。

邱淑媞（2011）。〈人口老化問題迫在眉睫〉，2011/6/12網址http://jeff007.
　　pixnet.net/blog/post/35334951。

柯榮哲（2009）。《顧客關係管理之購買行為模式與背景結構分析：以教
　　育訓練業個案為例》，國立台北大學統計研究所，碩士論文。

科技產業資訊室（2006）。〈行銷策略與行銷組合（中）〉，財團法人國家
　　實驗研究院科技政策研究與資訊中心。http://cdnet.stpi.org.tw/techroom/
　　analysis/pat_A080.htm。

紀璟琳、羅婷薏（2010）。〈如何透過網路行銷增加休閒運動網站瀏覽
　　量〉，《大專體育》，第109期，頁53-58。

范惟翔（2007）。《現代行銷管理——理論與實務》。台北：湯姆生。

容繼業（1996）。《旅行業理論與實務》。台北：揚智文化。

徐研明（2001）。《服務業e化成功策略之探討——以餐旅業為例》，國立
　　台灣大學資訊管理研究所未出版碩士論文。

財經快遞（2011/07/25），〈涵碧樓房價明年調漲一成〉，第2757期，
　　http://zc008taiwan.blogspot.com/2011/07/blog-post_6979.html#1L-
　　3549289L。

曹勝雄（2001）。《觀光行銷學》。台北：揚智文化。

梁冬梅主編（2008）。《旅遊公共關係原理與實務》。北京：清華大學出
　　版社。

梁吳蓓琳（1995）。《新公關時代》。台北：方智出版社。

涵碧樓網站（2012）。http://www.thelalu.com.tw/menu_c.htm。

莊煥銘、劉文良、羅智耀（2006）。《行銷資訊系統》。台北：博碩文
　　化。

許士軍（2001）。《管理學》。台北：東華書局。

許文聖（2010）。《休閒產業分析》（一版）。台北：華立圖書。

許長田（1999）。《行銷學：競爭・策略・個案》。台北：揚智文化。

許淑寬、陳慧姮譯（2003），《服務管理》。台北：高立圖書。

陳一銘（2005），《主題樂園等時服圈與行銷組合方案關係之研究——以劍湖山世界為例》，大葉大學休閒事業管理學系碩士班未出版碩士論文。

陳大任（2012）。〈瞄準兒童連鎖速食早餐激戰〉，《中國時報》（2012/04/04）。

陳建成，2007。〈資管論壇：淺談客戶關係管理〉，《PC Office雜誌》，頁23-30。

陳彥淳（2009/01/22）。〈二千億早餐市場的戰爭：連鎖品牌擠壓，傳統早餐店用人情味殺出重圍〉，《財訊》，第323期，http://www.wealth.com.tw/index2.aspx？f=301&id=353。

陳悅琴、張毓奇（2009）。〈熱門甜品之病毒式行銷、消費體驗與幸福感之研究〉，《行銷評論》，第6卷，第1期，頁55-86。

陳瑞倫（2009）。《遊程規劃與成本分析》。台北：揚智文化。

陳筱瑀、葉秀煌（2010）。〈銀髮族健康產業現況與未來趨勢之探究〉，《嶺東體育暨休閒學刊》，8，頁155-163。

陳榮坤（1999）。《旅行業套裝旅遊產品行銷策略之研究》，私立中國文化大學觀光事業研究所，碩士論文。

傅士珍（2006）。〈德希達與悅納異己〉，《中外文學》，34(8)，頁87-106。

曾柔鶯（2008）。《現代行銷學》（第八版）。台北：普林斯頓。

鈕先鉞（2009）。《旅館營運管理與實務》。台北：揚智文化。

黃士恆（2008），《台灣3G手機產品生命週期與訂價策略之研究》，國立東華大學全球運籌管理研究所碩士論文。

黃秀美（1992）。〈台灣不當待宰的羔羊〉。《管理雜誌》，第7卷，頁138-148。

黃俊英（2002）。《行銷學》（二版）。台北：華泰。

黃俊英（2003）。《行銷學的世界》。台北：天下遠見。

黃英忠（1999）。《人力資源管理》。台北：三民。

黃穎捷（2009）。〈台灣休閒農場規劃發展機制〉，http://tnews.cc/0836/

newscon1.asp。

楊必立、陳定國、黃俊英、劉水深、何雍慶（1999）。《行銷學》。台北：華泰。

楊正海（2010）。〈北市府：花博效益 物超所值〉，《聯合晚報》，A10版。

楊明青、尹駿（2006）。《觀光與接待業行銷》，台北：台灣培生教育。

經濟部統計處（2009）。「經濟統計指標」，上網日期：2010年12月16日，檢自：http://2k3dmz2.moea.gov.tw/GNWEB/Indicator/wFrmIndicator.aspx。

榮泰生（2007）。《消費者行為》（第二版）。台北：五南圖書。

維基百科，自由的百科全書，https://zh.wikipedia.org/wki/

網路創業家（2011），關係行銷，就是行銷關係，網路創業家http://tw.myblog.yahoo.com/bbiztw/article?mid=1660&prev=1661&next=1658

劉熒潔（2002）。《從ERP、SCM、CRM到電子商務》。台北：文魁資訊。

劉聰仁、林孟正（2011）。〈餐券銷售網站的顧客接受行為模式分析〉，《行銷評論》，第8卷，第4期，頁503-518。

蔡蕙如（1994）。《員工工作生活品質與服態度之研究——以百貨公司、便利商店、量販店、餐廳之服務人員為例》，國立中山大學企業管理研究所未出版之碩士論文，頁25-26。

鄭建瑋（2004）。《餐旅管理概論》。台北：培生出版社。

鄭紹成（2005），《國際行銷管理——本土案例、亞洲觀點、全球思維》。台北：前程文化。

鄭紹成（2009）。《行銷學：宏觀全球市場》。台北：前程文化。

盧偉斯（1999）。〈事業生涯發展系統的規劃與管理〉，《中國文化大學行政管理學報》，第2期。

賴文仁（2000）。《餐旅服務業行銷管理》（自編教材），休閒事業管理系，朝陽科技大學。

賴文仁（2002）。《行銷管理：餐旅服務業》。台中：朝陽科技大學波錠紀念圖書館。

戴國良（2007）。《行銷學》。台北：五南圖書。

戴國良（2008）。《服務業行銷與管理——服務策略、實務經驗與本土案例》（第二版）。台北：普林斯頓。

羅巧芳、吳信宏、張恩啓、鄭易英（2008）。〈應用資料探勘於戶外活動用品專賣店之顧客忠誠及價值分析〉，《品質學報》，第15卷，第4期，頁293-303。

二、英文部分

Aaker, D. A., & Shansby, G. J. (1982, May-June). Positioning Your Product, *Business Horizon*, 56-62.

Albrecht, K., & Zemke, R. (1985). *Service America*. Homewood, IL: Dow-Jones Irwin.

Anderson, E. W., & Sullivan, M. W. (1993). The antecedents and consequences of customer satisfaction for firms. *Marketing Science, 12*(1), 125-143.

Ansoff, H. I. (1957). Strategies for diversification. *Harvard Business Review*, September-October, 113-124.

Berry, L. L. (1995). Relationship marketing of services-growing interest, emerging perspectives, *Journal of the Academy of Marketing Science, 23*(4), 236-245.

Berry, L. L. (1983). Relationship Marketing, In Berry, L. L., Shostack, G. L., & Upah, G. D. (Eds), *Emerging Perspectives of Services Marketing*. American Marketing Association, Chicago, IL, 25-28.

Biel, A. L. (1993). Converting images into equity, In Asker, D. A., & A. L. Biel (Eds.), *Brand Equity and Advertising: Advertising's Role in Building Strong Brands* (pp. 67-82). Iowa City: Lawrence Erbaum Associates, Inc.

Boone, J. (1985). *Developing Program in Adult Education*. Englewood Cliffs, NJ: Prentice Hall.

Chakravarthy, B. S., & Perlmutter, H. V. (1985). Strategic planning for a global business. *Columbia Journal of World Business, 20*, 3-10.

Computer Reservations System (2013). 2013/3/4 retrieved from Wikipedia, http://en.wikipedia.org/wiki/Computer_reservations_system.

Coviello, N. E., Brodie, R. J., & Munro, H. J. (1997). Understanding contemporary marketing: Development of a classification scheme, *Journal of Marketing Management, 13*(6), 501-522.

Donvovan, R. J., & Rossiter, J. R. (1982). Store atmosphere: An environmental psychology approach, *Journal of Retailing, 58*(1), 34-57.

Engel, J. F., Blackwell, R. D., & Miniard, P. W. (1995). *Consumer Behavior* (8th ed.). New York: Dryden Press.

Evans, J. R., & Laskin, R. L. (1997). The Relationship marketing process: a conceptualization and application, *Industrial Marketing Management, 23*(12), 439- 452.

Gary, L. (1991). *Marketing Education*. Bristol, CT: Open University Press.

Goeldner, C. R., & Ritchie, J. R. B. (2009). *Tourism: Practice, Philosophies* (11th ed). Hoboken, NJ: John Wiley.

Heskett, J. L., & Schelsinger, A. (1994). Putting the service profit chain-to work. *Harvard Business Review, 72*(2), 164-172.

Heskett, J. L., Sasser, W. E., Hart, C. W. L. (1990). The profitable art of service recovery. *Harvard Business Review, 66*(4), 148-156.

Holbrook, M. B., & Hirschman, E. C. (1982). The experiential aspects of consumption: consumer fantasies, feelings, and fun, *Journal of Consumer Research, 9*(2), 132-140.

Jain, S. C. (1996). *Marketing Planning and Strategy* (5th ed.) (pp. 345-353). Cincinn: South-Western College.

Kamakura, W., Mela, C. F., Ansari, A., Bodapati, A., Fader, P., Iyengar, R., Naik, P., Neslin, S., Sun, B., Verhoef, P. C., Wedel, M., & Wilcox, R. (2005). Choice Models and Customer Relationship Management, *Marketing Letters, 16*(3), 279-291.

Kasavana, M. J., & Cahill, J. J. (2007). *Managing Technology in the Hospitality Industry* (5th ed.), Michigan: EI-AH & LA.

Keengan, W., Moriarty, S., & Duncan, T. (1991). *Marketing* (pp. 226-260). N. J.: Free Press, A Division of Simon and Schuster.

Kelley, S. W., Hoffman, K. D., & Davis, M. A. (1993). A typology of retail failures and recoveries, *Journal of Retailing, 69*(4), 429-452.

Kolter P. (2000). *Marketing Management: Analysis, Planning and Control*. Prentci-Hall, 3-24.

Kolter. P. (1992). Marketing's new paradigm: What's really happen out there, *Planning Review, 20*(3),51-52.

Kotler P. (1982). *Marketing for Nonprofit Organizations* (2nd ed.). Englewood Cliffs, NJ: Prentice-Hall.

Kotler P., & Armstrong, G. (1999). *Principles of Marketing* (8th edition). N J: Prentice-Hall International.

Kotler, P. (1994). *Marketing Management: Analysis, Planning and Control* (8th edition). Englewood Cliffs, N. J.: Prentice-Hall, Inc.

Kotler, P., & Fox, F. A. (1985). *Strategic Marketing for Educational Institution* (p. 8). N. Y: Prentice-Hall, Inc.

Kotler, P. (1996). *Marketing Management: An Asian Perspective*. Prentice Hall.

Kotler, P. (2000). *Marketing Management*. The Millennium Edition. Hardcover.

Kotler, P., Keller, K. L., Ang, S. H., Leong, S. M., & Tan, T. C. (2006). *Marketing Management: An Asian Perspective* (4th ed). New York: Pearson/Prentice Hall.

Kriegl, U. (2000). International hospitality management, *The Cornell Hotel and Restaurant Administration Quarterly, 41*(2), 64-71.

Lashley, C., & Morrison, A. (2000). *In Search of Hospitality: Theoretical Perspectives and Debates*. Oxford: Butterworth-Heinemann.

Lazer, W., & Layton, R. A. (1999). *Contemporary Hospitality Marketing: A Service Management Approach*. East Lansing Michigan: The Educational Institute of the American Hotel & Hotel Association.

Levitt, T. (1983). *The Marketing Imagination*. The Free Press, New York, NY.

Mazanec, J. A. (1994). Consumer behavior. In S. Witt and L. Moutinho (2th eds), *Tourism Marketing and Management Handbook*. New York: Prentice-Hall.

McCarthy, E. J. (1981). *Basic Marketing: A Managerial Approach* (7th ed). Homewood Illinois: Richard D. Irwin, Inc.

McColl-Kennedy, J. R., & White, T. (1997). Service provider training programs at odds with customer requirements in five-star hotels. *Journal of Service Marketing, 11*(4), 249-264.

Morrison, A. M. (1996). Hospitality and Travel Marketing, Carlifornia: Thomson Information/Publishing Group.

Morrison, A. J., & Kendall R. (1992). A taxonomy of business-level strategies in global industries. *Strategic Management Jounral, 13*, 339-418.

Ottman J. A. (1998). *Green Marketing: Opportunity for Innovation* (2nd edition). NTC/Contemporary Publishing Company.

Peppers, D., Rogers, M., & Dorf, B. (1999). Is your company ready for one-to-one marketing? *Harvard Business Review*, Jan./Feb., 151-160.

Pine II, B. J., & Gilmore, J. H. (1998). Welcome to the experience economy, *Harvard Business Review, 79*(4) 97-105.

Porter, M. (1966). What is Strategy. *Harvard Business Review*.

Reichheld, F. F., & Sasser, Jr. W. E. (1990). Zero defection: quality comes to services, *Harvard Business Review, 68*(5), 105-111.

Rice, R. E., & Katz, J. E. (2003). Comparing internet and mobil phone usage: digital divides of usage, adoption and dropouts, *Telecommunication Policy, 27*(8, 9), 597.

Rigby, D. K., Reichheld, F. F., & Scheffer, P. (2002). Avoid the four perils of CRM, *Harvard Business Review*, February, 101-109.

Rugman, A. M., & Hodgetts, R. M. (1995). *International Business: A Strategic Management Approach*. McGraw- Hill Inc.

Sally, D., & Lyndon S. (1996). *The Market Segmentation Workbook*. London: Routledge.

Schiffman & Kanuk (1991). *Consumer Behavior*. New Jersey: Prentice-Hall.

Schmitt, Bernd H. (1999). Experiential Marketing, *Journal of Marketing Management, 15*, 53-67.

Sheth, J. N. Newman, B. I., & Gross, B. L. (1991). Why we buy what we buy: A theory of consumption values, *Journal of Business Research, 22*, 159-170.

Silverberg, K. E., Backman, S. J., & Backman, K. F. (1996). A preliminary investigation into the psychographic of nature-based travelers to the southeastern United States, *Journal of Travel Research, 34*(3), 19-28.

Silverpop (2012). 7 Marketing Trends to Watch in 2012-and Key Tactics to Address Them, http://www.silverpop.com/marketing-resources/white-papers/download/marketing-trends-2012.htm

Simon, F. L. (1992). Marketing green products in the trial. *The Columbia Journal of World Business*, Fall & Winter, 268-285.

Smith, W. R. (1956). Product differentiation and market segmentation as alternative marketing strategies, *The Journal of Marketing, Vol. 21*, No.1, 3-8.

Stone, Merlin & Neil Woodcock (1996). *Relationship Marketing*. Kogan Page Ltd.

Strauss, M. (2010). Value Creation in Travel Distribution, http://www.amazon.com/dp/0557612462.

Susan P. Douglas, C. Samuel Craig, & Warren Keegan (1982). Approachces to assessing international marketing opportunities for small and medium-sized business, *Columbia Journal of World Business*, 26-32.

Tas, R. F. (1983). Competencies important for hotel manager trainees. *The Cornell Hotel and Restaurant Administration Quarterly, 29*(2), 41-43.

Trout, J., & Ries, A. (1972). Positioning Cuts through Chaos in Marketplace, In Enis, B. M., Cox, K. K., & M. P. Mokwa (Eds.), *Marketing Classics: A Selection of Influential Articles* (p. 235).Englewood Cliffs: Prentice-Hall Inc.

Trout, J., & Ries, A. (1986). *Positioning: The Battle for Your Mind* (p. 2). N. Y.: McGraw-Hill Publishing Co.

Von Neuman & Morgensten (2004). *Theory of Games and Economic Behavior*. Princeton University Press.

Wind, Y. (1978). Issues and advances in segmentation research. *Journal of Marketing, 15*(8), 317-337.

World Travel & Tourism Council, WTTC（2009）, Travel & tourist economic impact. Retrieved. Oct. 29, 2009, from http://www.wttc.org/bin/ pdf/